市政工程施工技术及管理研究

李 扬 李文兴 孙 娟 著

吉林科学技术出版社

图书在版编目（CIP）数据

市政工程施工技术及管理研究 / 李扬，李文兴，孙
娟著．-- 长春：吉林科学技术出版社，2023.3
　　ISBN 978-7-5744-0199-0

　　Ⅰ．①市… Ⅱ．①李… ②李… ③孙… Ⅲ．①市政工
程－工程施工－研究②市政工程－工程管理－研究 Ⅳ.
① TU99

中国国家版本馆 CIP 数据核字（2023）第 082807 号

市政工程施工技术及管理研究

著　　者	李　扬　李文兴　孙　娟
出 版 人	宛　霞
责任编辑	赵维春
封面设计	树人教育
制　　版	树人教育
幅面尺寸	185mm×260mm
开　　本	16
字　　数	250 千字
印　　张	11.25
版　　次	2023 年 3 月第 1 版
印　　次	2023 年 3 月第 1 次印刷
出　　版	吉林科学技术出版社
发　　行	吉林科学技术出版社
地　　址	长春市南关区福祉大路 5788 号出版大厦 A 座
邮　　编	130118

发行部电话／传真　0431—81629529　　81629530　　81629531
　　　　　　　　　　81629532　　81629533　　81629534

储运部电话　0431—86059116

编辑部电话　0431—81629520

印　　刷	廊坊市广阳区九洲印刷厂
书　　号	ISBN 978-7-5744-0199-0
定　　价	70.00 元

编委会

主　编

李　扬　河南征远建设工程有限公司

李文兴　北京建工路桥集团有限公司

孙娟　烟台市市政养护中心

副主编

陈　曦　河南省南阳市圣源建设工程质量检测有限责任公司

程兴社　濮阳市华通建设有限公司

刘英君　潍坊经济区城市建设投资发展集团有限公司

路茂广　聊城市水兴市政工程有限公司

汤江雷　丽水市供排水有限责任公司

夏兵昌　郑州市市政工程管理处

于　非　开封城市运营投资集团有限公司

原　涛　烟台开元市政工程有限公司

曾　辉　湖北省襄阳市市政管理处

前 言

近年来，国家大力推进城市化建设，对于基础建设的投资力度也逐渐增加，这就使得越来越多的市政工程项目出现在城市四周。市政工程施工不同于其他的项目，其施工较为复杂，通常施工场地位于较为偏远的位置，施工技术也较为繁琐。我国社会经济及人民生活水平呈现了突飞猛进的发展势态。在这一势态下，我国城市化进程的速度也得到了空前加快。渐渐地人民对市政工程项目也提出了越来越高的要求。要想使市政工程施工技术得到全面优化，便需要做好多方面的工作。

为进一步提升我国的市政工程施工水平，应采取措施加强市政工程施工技术及其现场管理，保证现场施工效率及施工质量，基于此，笔者简要探讨了如何加强市政工程施工技术与管理措施。本书从多方面对市政工程施工技术与管理方面进行了探究，希望以此为市政工程项目工作的完善提供一些具有价值性的参考依据。

由于时间有限，本书难免存在疏漏或不妥之处，望广大读者批评指正。

目 录

第一章 市政工程基础 ···································· 1

  第一节 概述 ·· 1

  第二节 市政工程构造 ·································· 2

  第三节 市政工程施工图识读 ···························· 6

第二章 路基施工技术 ································ 12

  第一节 路基施工的准备工作 ···························· 12

  第二节 土质路基施工 ·································· 16

  第三节 石质路基施工 ·································· 24

  第四节 路基压实施工技术 ······························ 29

  第五节 路基的防护与加固 ······························ 31

  第六节 路基排水设施施工 ······························ 40

  第七节 路基的整修维修与验收标准 ······················ 43

第三章 桥梁基础施工 ································ 45

  第一节 概述 ·· 45

  第二节 桥梁基础施工 ·································· 46

  第三节 上部结构施工 ·································· 63

  第四节 下部结构施工 ·································· 77

  第五节 支座系统施工 ·································· 107

  第六节 附属结构施工 ·································· 110

第四章 市政工程施工准备工作 ···················· 115

  第一节 概述 ·· 115

  第二节 技术资料准备 ·································· 117

  第三节 组织准备 ······································ 118

  第四节 其他准备工作 ·································· 120

第五章 市政工程项目施工管理 ···················· 122

  第一节 施工项目管理 ·································· 122

第二节　施工项目技术管理 ··· 125

第三节　施工项目质量控制 ··· 131

第四节　施工项目安全管理 ··· 134

第五节　施工项目进度管理 ··· 149

第六节　施工成本管理 ··· 158

结语 ··· 167

参考文献 ··· 168

第 一 章　市政工程基础

第一节　概述

1. 市政工程概念

市政工程是在城市（城、镇）为基点的范围内，为满足政治、经济、文化以及生产、人民生活的需要，并为其服务的公共基础设施建设工程。市政工程是一个相对概念，它与建筑工程、安装工程、装饰工程等一样，都是以工程实体对象为标准来相互区分的，都属于建设工程的范畴。

2. 市政工程建设的特点

市政工程建设的特点，主要表现在以下几个方面。

（1）单项工程投资大，一般工程在千万元左右，较大工程要在亿元以上。

（2）产品具有固定性，工程建成后不能移动。

（3）工程类型多，工程量大。如道路桥梁、隧道、水厂、泵站等类工程都有，而且工程量很大；又如城市快速路、大型多层立交、千米桥梁逐渐增多，土石方数量也很大。

（4）点、线、片形工程都有，如桥梁、泵站是点形工程，道路、管道是线形工程，水厂、污水处理厂是片形工程。

（5）结构复杂而且单一。每个工程的结构不尽相同，特别是桥梁、污水处理厂等工程更是复杂。

（6）干、支线配合、系统性强。如道路管网等工程的干线要解决支线流量问题，而且成为系统，否则相互堵截排流不畅。

3. 市政工程施工的特点

市政工程施工特点，主要表现在以下几个方面。

（1）施工生产的流动性。

（2）施工生产的一次性。产品类型不同，设计形式和结构不同，再次施工生产各有不同。

（3）工期长、工程结构复杂，工程量大，投入的人力物力、财力多。由开工到最终完成交付使用的时间较长，一个单位工程要施工几个月，长的要施工几年才能完成。

（4）施工的连续性。开工后，各个工序必须根据生产程序连续进行，不能间断，否则会造成很大的损失。

（5）协作性强。需有地上、地下工程的配合，材料、供应、水源、电源、运输以及交通的配合与工程附近工程、市民的配合，彼此需要协作支援。

（6）露天作业。由于产品的特点，施工生产均在露天作业。

（7）季节性强。气候影响大，春、夏、秋、冬、雨、雾、风和气温低、气温高，都为施工带来很大困难。

总之，由于市政工程的特点，在基本建设项目的安排或是施工操作方面，特别是在制定工程投资或造价方面都必须尊重市政工程的客观规律性，严格按照程序办事。

4.市政工程在基本建设中的地位

市政工程是国家的基本建设，是组成城市的重要部分。市政工程包括：城市的道路、桥涵、隧道、给水排水、路灯、燃气、集中供热及绿化等工程，这些工程都是国家投资（包括地方政府投资）兴建的，是城市的设施，是供城市生产和人民生活的公用工程，故又称城市公用设施工程。

市政工程有着建设先行性、服务性和开放性等特点。在国家经济建设中起重要的作用，它不但解决城市交通运输、排泄水问题，促进工农业生产，而且大大改善了城市环境卫生，提高了城市的文明建设。有的国家市政工程为支柱工程、骨干工程。改革开放以来，我国各级政府大量投资兴建市政工程，不仅使城市林荫大道成网，给水排水管道成为系统，绿地成片，水源丰富，电源充足，堤防巩固，而且逐步兴建煤气、暖气管道，集中供热、供气，使市政工程起到了为工农业生产服务，为人民生活服务，为交通运输服务，为城市文明建设服务的作用，有效地促进了工农业生产的发展，改善了城市环境、美化了市容，使城市面貌焕然一新，经济效益、环境效益和社会效益不断提高。

第二节　市政工程构造

一、道路工程

（一）道路的分类及组成

1.道路的分类

按道路所在位置、交通性质及其使用特点，道路可分为：公路、城市道路、厂矿道路及乡村道路等。公路是连接城市、农村、厂矿基地和林区的道路；城市道路是城市内道路；厂矿道路是厂矿区内道路。它们在技术方面有很多相同之处。

2.道路的组成

道路是设置在大地表面供各种车辆行驶的一种带状构筑物。

（二）路基

路基是行车部分的基础,它由土、石按照一定尺寸、结构要求建筑成带状土工构筑物,路基必须具有一定的力学强度和稳定性,以保证行车部分的稳定和防止自然破坏力的损害,又要经济合理。

1.路基的作用

路基作为道路工程的重要组成部分,是路面的基础,是路面的支撑结构物。同时,与路面共同承受交通荷载的作用。

路面损坏往往与路基排水不畅、压实度不够、温度低等因素有关。

高于原地面的填方路基称为路堤,低于原地面的挖方路基称为路堑。路面底面以下80cm范围内的路基部分称为路床。

2.路基的基本要求

路基是道路的基本结构物,它一方面要保证车辆行驶的通畅与安全,另一方面要支持路面承受行车荷载的要求,因此应满足以下要求:路基结构物的整体必须具有足够的稳定性;路基必须具有足够的强度、刚度和水温稳定性。

（三）路面

1.路面结构

路面是由各种不同的材料,按一定厚度与宽度分层铺筑在路基顶面上的层状构造物。

（1）面层

面层是直接承受行车荷载作用、大气降水和温度变化影响的路面结构层次。应具有足够的结构强度、良好的温度稳定性,且耐磨、抗滑、平整和不透水。沥青路面面层可由一层或数层组成,表面层应根据使用要求设置抗滑耐磨、密实稳定的沥青层;中间层、下面层应根据公路等级、沥青层厚度、气候条件等选择适当的沥青结构。

（2）基层

基层是设置在面层之下,并与面层一起将车轮荷载的反复作用传递到底基层、垫层、土基等起主要承重作用的层次。基层材料必须具有足够的强度、水稳性、扩散荷载的性能。在沥青路面基层下铺筑的次要承重层称为底基层。当基层、底基层较厚需分两层工时,可分别称为基层、下基层,或上底基层、下底基层。

（3）垫层

在路基土质较差、水温状况不好时,宜在基层（或底基层）之下设置垫层,起排水、隔水、防冻、防污或扩散荷载应力等作用。

面层、基层和垫层是路面结构的基本层次,为了保证车轮荷载的应力向下扩散和传递,较下一层应比其上一层的每边宽出 0.25m。

2.坡度与路面排水

路拱指路面的横向断面做成中央高于两侧（直线路段）具有一定坡度的拱起形状,其作用是利于排水。路拱的基本形式有抛物线、屋顶线、折线或直线。为便于机械施工，一般采用直线形。路拱坡度应根据路面类型和当地自然条件，按有关规定采用。路肩横向坡度一般应较路面横向坡度大 1%~2%。

各级公路，应根据当地降水与路面的具体情况设置必要的排水设施，及时将降水排出路面，保证行车安全。高速公路、一级公路的路面排水，一般由路肩排水与中央分隔带排水组成；二级及二级以下公路的路面排水，一般由路拱坡度路肩横坡和边沟排水组成。

3. 路面等级

路面等级按面层材料的组成、结构强度、路面所能承担的交通任务和使用的品质划分为高级路面、次高级路面中级路面和低级路面等四个等级。

（四）道路主要公用设施

按道路的性质和道路使用者的各种需要，在道路上需设置相应的公用设施。道路公用设施的种类很多，包括交通安全及管理设施和服务设施等。道路公用设施是保证行车安全、方便人民生活和保护环境的重要措施。

二、桥梁工程

（一）桥梁组成

桥梁是供铁路、道路、渠道管线、行人等跨越河流、山谷或其他交通线路等各种障碍物时所使用的承载结构物。

（二）桥梁上部结构

1. 桥面构造

（1）桥面铺装及排水、防水系统

1）桥面铺装。桥面铺装即行车道铺装，亦称桥面保护层。

2）桥面纵横坡。桥面的纵坡，一般都做成双向纵坡，在桥中心设置曲线，纵坡一般以不超过 3% 为宜。

桥面的横坡，一般采用 1.5%~3%。通常是在桥面板顶面铺设混凝土三角垫层来构成；对于板梁或就地浇筑的肋梁桥，为了节省铺装材料，并减轻重力，可将横坡直接设在墩台顶部而做成倾斜的桥面板，此时不需要设置混凝土三角垫层；在比较宽的桥梁中，用三角垫层设置横坡将使混凝土用量与恒载重量增加过多，在此情况下可直接将行车道板做成双向倾斜的横坡，但这样会使主梁的构造和施工稍趋复杂。

3）桥面排水和防水设施。

桥面排水。在桥梁设计时要有一个完整的排水系统，在桥面上除设置纵横坡排水外，常常需要设置一定数量的泄水管。

当桥面纵坡大于 2% 而桥长小于 50m 时，桥上可以不设泄水管，此时可在引道两侧设置流水槽；当桥面纵坡大于2%而桥长大于50m时，就需要设置泄水管，一般顺桥长方向每隔12~15m设置一个；桥面纵坡小于2%时，泄水管就需设置更密一些，一般顺桥长方向每隔6~8m设置一个。泄水管可以沿行车道两侧左右对称排列，也可交错排列，其离缘石的距离为200~500mm。泄水管也可布置在人行道下面。目前常用的泄水管有钢筋混凝土泄水管和金属泄水管两种。

（2）伸缩缝

1）伸缩缝的构造要求：要求伸缩缝在平行、垂直于桥梁轴线的两个方向，均能自由伸缩，牢固可靠，车辆驶过时应平顺、无突跳与噪声；要能防止雨水和垃圾、泥土渗入阻塞；安装、检查、养护、消除污物都要简易方便。

2）伸缩缝的类型：镀锌薄钢板伸缩缝、钢伸缩缝和橡胶伸缩缝。

（3）人行道、栏杆灯柱

桥梁上的人行道宽度由行人交通量决定，可选用0.75m、1m，大于1m按0.5m倍数递增。行人稀少地区可不设人行道，为保障行车安全改用安全带。

安全带。不设人行道的桥上，两边应设宽度不小于0.25m，高为0.25~0.35m的护轮安全带。安全带可以做成预制件或与桥面铺装层一起现浇。

2. 承载结构

（1）梁式桥

梁式桥是指其结构在垂直荷载作用下，其支座仅产生垂直反力，而无水平推力的桥梁。梁式桥的特点是其桥跨的承载结构由梁组成。梁式桥可分为简支梁式桥、连续梁式桥、悬臂梁桥。

1）简支梁式桥是梁式桥中应用最早、使用最广泛的桥形之一。它受力明确、设计计算较容易。且构造简单，施工方便。简支梁桥是静定结构，其各跨独立受力。桥梁工程中广泛采用的简支梁桥的类型：简支板桥、肋梁式简支梁桥（简称简支梁桥）、箱形简支梁桥。

2）连续梁式桥和悬臂梁式桥。连续梁桥相当于多跨简支梁桥在中间支座处相连接贯通，形成一整体的、连续的、多跨的梁结构。连续梁桥是大跨度桥梁广泛采用的结构体系之一，一般采用预应力混凝土结构。

预应力混凝土连续梁按其截面变化可分为等截面连续梁和变截面连续梁；按其各跨的跨长可分为等跨连续梁和不等跨连续梁；按其截面形式可分为板式截面连续梁、肋梁式截面连续梁和箱形截面连续梁。

T形刚架桥是由桥跨梁体与桥墩（台）刚接形成的具有悬臂受力特点的无支座T形梁式桥结构。通常全桥由两个或多个T形刚架通过铰或挂梁相连所组成。其构造特点为：连续梁桥、悬臂梁桥和T形刚架桥的分孔；横截面形式及主要尺寸；预应力筋的布置要点。

（2）拱式桥

拱式桥的特点是其桥跨的承载结构以拱圈或拱肋为主。拱桥按其结构体系分为：简单体系拱桥、组合体系拱桥。

（3）刚架桥

刚架桥是由梁式桥跨结构与墩台（支柱、板墙）整体相连而形成的结构体系，其梁柱结点为刚结。按照其静力结构体系可分为单跨或多跨的刚架桥；也可分为铰支承刚架桥和固端支承刚架桥。

刚架桥的支柱做成直柱式称门形刚架桥，做成斜柱式称斜腿刚架。刚架桥可以全部采用钢筋混凝土或预应力混凝土建造，也可以采用预应力混凝土的主梁和钢筋混凝土的支柱。

刚架桥的主梁截面形式与梁式桥相同。刚架桥的支柱有薄壁式和柱式。柱式又分单柱式和多柱式。支柱的横截面可以采用实体矩形、工字形或箱形等。刚架桥支柱与主梁相连接处称为结点。

（4）悬索桥

悬索桥又称吊桥，是最简单的一种索结构。其特点是桥梁的主要承载结构由桥塔和悬挂在塔上的高强度柔性缆索及吊索、加劲梁和锚碇结构组成。现代悬索桥一般由桥塔、主缆索、锚碇、吊索、加劲梁及索鞍等主要部分组成。

第三节　市政工程施工图识读

一、市政给水排水施工图识读

（一）室外给水与排水工程图的组成

1.室外给水排水平面图示内容和表达方法

（1）比例

一般采用与建筑总平面图相同的比例，常用 1∶1000、1∶500、1∶300 等；范围较大的厂区或者小区的给水排水平面图常用 1∶5000、1∶2000。

（2）建筑物及道路、围墙等设施

由于在室外给水排水平面图中，主要反映室外管道的布置，所以在平面图中，原有房屋以及道路、围墙等附属设施，基本上按照建筑总平面图的图例绘制，但都是用细实线画出它的轮廓线，原有的各种给水和其他压力流管线，也都画中实线。

2.管道及附属设施

一般把各种管道，如给水管、排水管、雨水管以及水表、检查井、化粪池等附属设备，都画在同一张图纸上，新设计的各种排水管线宜用线宽 b 来表示，给水管线宜用线宽为 0.75b 的中粗线表示。

3.指北针、图例和施工说明

在室外给水排水平面图中，图面的右上角应画出指北针（在给水排水总平面图中，在图面的右上角应绘制风玫瑰图,如无污染源时,可绘制指北针),标明图例,书写必要的说明,以便于读图和按图施工。

4.绘图步骤

(1)先抄绘建筑总平面图中布置的各建筑物、道路等,画出指北针。

(2)按照新建房屋的室内给水排水底层平面图,将有关房屋中相应的给水引入管、废水排出管、污水排出管、雨水连接管等的位置在图中画出。

(3)画出室外给水和排水的各种管道,以及水表、检查井等附属设备。

(4)标注管道管径、检查井的编号和标高以及有关尺寸。

(5)标绘图例和撰写说明。

(二)管道工程图

1.管网总平面布置图

室外给水排水平面图是室外给水排水工程图中的主要图样之一,它表示室外给水排水管道的平面布置情况。

绘制室外给水排水平面图时主要有以下几点要求。

(1)应绘出室外原有和新建的建筑物、构筑物、道路、等高线、施工坐标和指北针等。

(2)室外给水排水平面图的方向,应与该室外建筑平面图的方向一致。

(3)绘制室外给水排水平面图的比例,通常与该室外建筑平面图的比例相同。

(4)室外给水管道、污水管道和雨水管道应绘在同一张图上。

(5)同一张图上有给水管道、污水管道和雨水管道时,一般分别以符号J、W、Y加以标注。

(6)同一张图上的不同类附属构筑物,应以不同的代号加以标注;同类附属构筑物的数量多于一个时,应以其代号加阿拉伯数字进行编号。

(7)绘图时,当给水管与污水管、雨水管交叉时,应断开污水管和雨水排水管。当污水管和雨水排水管交叉时,应断开污水管。

(8)建筑物、构筑物通常标注其三个角坐标。当建筑物、构筑物与施工坐标轴线平行时,可标注其对角坐标。

附属建筑物(检查井、阀门井)可标注其中心坐标。管道应标注其管中心坐标。当个别管道和附属构筑物不便于标注坐标时,可标注其控制尺寸。

(9)画出主要的图例符号。

2.室外给水排水管道纵断面图

(1)比例。由于管道的长度方向比直径方向大得多,为了说明地面起伏情况,在纵断面图中,通常采用横向和纵向不同的组合比例。

(2)断面轮廓线的线型。室外给水排水管道纵断面图主要表述地面起伏、管道敷设的埋深和管道交接等情况。

（3）表述干管的有关情况和设计数据，以及与在该干管纵断面、剖切到的检查井、地面，以及其他管道的横断面，都用断面图的形式表示，图中还在其他管道的横断面处标注了管道类型的代号、定位尺寸和标高。

二、市政道路施工图识读

（一）道路平面图

1. 道路平面图的表述

路线平面图是从上向下投影所得到的水平投影图，也就是用标高投影的方法所绘制的道路沿线周围区域的地形、地物图。路线平面图所表达的内容，包括路线的走向和平面状况（直线和左右弯道曲线），以及沿线两侧一定范围内的地形、地物等情况。

道路路线平面图的作用是表达路线的方向、平面线型（直线和左右弯道）和车行道布置以及沿线两侧一定范围内的地形、地物情况，包括地形、地物两部分内容。

2. 道路平面图的识图

（1）地形地物

指北针：道路路线平面图通常以指北针表示方向，有了方向指标，就能表明公路所在地区的方位与走向，并为图纸拼接校核做依据。

比例：公路路线平面图所用比例，一般为1：5000（平原区）~1：2000（山岭区），城市道路路线平面图比例一般为1：1000~1：500。

地形地物：在平面图上除了表示路线本身的工程符号外，还应绘出沿线两侧的地形地物。

（2）路线部分

图线：一般情况下平面图的比例较小，路线宽度无法按实际尺寸绘出，所以设计路线是沿道路的路中心线，用加粗的粗实线来表示。由于道路的宽度相对于长度来说尺寸小得多，为了表达路宽，通常也绘较大比例的平面图，在这种情况下，道路中线用细单点长画线表示，中央分隔带边缘线用细实线表示，路基边缘线用粗实线表示。

图线桩号：为了能清楚地看出路线总长与各路段之间的长度，一般在公路中心线上自路线起点到终点按前进方向编写里程桩和百米桩。

（3）平曲线

道路路线在平面上是由直线段和曲线段组成的，在路线的转折处应设平曲线。最常见的较简单的平曲线为圆弧。

（4）公路弯道

为保证车辆在弯道上的行车安全，在公路弯道处一般应设计超高、缓和曲线、加宽等。

（5）道路回头曲线

对公路而言，为了伸展路线而在山坡较缓的开阔地段上设置的形状与发夹针相似的曲线为道路回头曲线。

（6）路线方案比较线

有时为了对路线走向进行综合分析比较，常在图线平面图上同时绘出路线方案比较线（一般用虚线表示）以供选线设计比较。

3.道路平面图的绘制

（1）先在现状地物、地形图上画出道路中心线（用细的点画线）。等高线按先粗后细步骤徒手画出，要求线条顺滑。

（2）绘出道路红线、车行道与人行道的分界线（用粗实线）。

（3）进一步绘出绿化分隔带以及各种交通设施，如公共交通停靠站台、停车场等的位置及外形布置。

（4）应标出沿街建筑主要出入口、现状管线及规划管线，如检查井、进水口以及桥涵等的位置，交叉口尚需标明路口转弯半径、中心岛尺寸和护栏、交通信号设施等的具体位置。

（二）道路纵断面图

1.道路纵断面图表述

城市道路的纵断面是指沿车行道的中心线的竖向剖面。在纵断面图上有两条主要的线：一条是地面线，它是根据中线上各桩点的高程而点绘的一条不规则的折线，反映了沿中线地面的起伏变化情况；另一条是设计线，它是经过技术上、经济上以及美学上诸多方面比较后定出的一条有规则形状的几何线，它反映了道路路线的起伏变化情况。

2.道路纵断面图图示的一般规定

道路设计线采用粗实线表示，原地面线应采用细实线表示：地下水位线应采用细双点画线及水位符号表示；地下水位测点可仅用水位符号表示。

三、市政桥梁施工图识读

桥梁总体布置图是由桥梁立面图、平面图和侧剖面图组成。图示出桥梁的形式、构造组成跨径、孔数、总体尺寸、各部分结构构件的相互位置关系、桥梁各部分的标高使用材料以及必要的技术说明等，是桥梁施工中墩台定位、构件安装及标高控制的重要依据。

1.市政桥梁施工图

（1）立面图

1）立面图的图示内容

比例选择以能清晰反映出桥梁结构的整体构造为原则，一般采用1：200的比例尺。

半立面图部分要图示出桩的形式及桩顶、桩底的标高，桥墩与桥台的立面形式、标高及尺寸，桥梁主梁的形式、梁底标高及相关尺寸，各控制位置如桥台起、止点和桥墩中线的里程桩号。

半纵剖面图部分要图示出桩的形式及桩顶桩底标高；桥墩与桥台的形式及帽梁、承台、桥台剖面形式；主梁形式与梁底标高及梁的纵剖面形式，各控制点位置及里程桩号。

图示出桥梁所在位置的河床断面，用图例示意出土质分层，并注明土质名称。

用剖切符号注出横剖面位置，标注出桥梁中心桥面标高及桥梁两端标高，注明各部位尺寸及总体尺寸。

图示出常年水位（洪水）、最低水位及河床中心地面的标高，在图样左侧画出高程标尺。

2）立面图的绘制要点

根据选定的比例首先将桥台前后、桥墩中线等控制点里程桩画出，并分别将各控制部位，如主梁底、承台底、桩底、桥面等处的标高线、河床断面线及土质分层画出来，地面以下一定范围可用折断线省略，以缩小竖向图面；桥面上的人行道和栏杆可不画出。

桥梁中心线左半部分画成立面图：按照立面图的正投影原理将主梁、桥台、桥墩、桩、各部位构件等按比例用中实线图示出来，并注明各控制部位的标高。用坡面图例图示出桥梁引路边坡及锥形护坡。

桥梁右半部分画成半纵剖面图：纵向剖切位置为路线中心线处。按照剖图的绘制原理，将主梁、桥台、桥墩、桩等各部位构件按比例用中实线图示出来，并将剖切平面剖切到的构件截面用图例表示，如钢筋混凝土用墨涂黑，桥面铺装层及圬工桥台断面用阴影线表示，截面轮廓线用粗实线画出；标注各控制点高程及各部分的相关尺寸，尺寸单位为"cm"，标高单位为"m"；用剖切符号标示出侧剖面图的剖切位置。

标注出河床标高、各水位标高、土层图例、各部位尺寸及总尺寸；必要的文字标注及技术说明；注明图名、比例等。

（2）平面图

1）平面图的图示内容

①图样比例同立面图；②平面图部分图示出桥面构造情况，如车行道、人行道栏杆、道路边坡及锥形护坡、变形缝及各部分尺寸等；路线（即桥梁）中心线用细点画线表示；③桥台及帽梁部分图示出帽梁平面形状及梁上设置的构造，如抗震挡、支座等；注明有关尺寸；桥台位置视为无回填土时的正投影图样，注明相关尺寸；④承台平面部分图示出承台平面形状及尺寸，承台上设置的其他构造等；⑤桩柱平面部分图示出桩柱的位置、间距尺寸、数量，并用虚线表示出承台平面。当桥梁以中心线为对称线时，可只画出半平面图；当桥梁下部构造比较简单时，半墩台桩柱平面图可只画未上主梁情况下的投影图样。

2）平面图的绘制要点

一般平面图与立面图上下对应，用细点画线画出道路路线（桥梁）中心线；根据立面图的控制点桩号画出平面图的控制线。

半平面图部分，桥面边线、车行道边线用粗实线绘制；边坡及锥形护坡图例线用细线表示；桥端线、变形缝等用双中实线表示，用细实线画出栏杆及栏杆柱；标注出栏杆尺寸及其他尺寸，单位为"cm"。

桥台、帽梁平面图样是按未上主梁情况及桥台未回填土情况下，根据相应尺寸用中实线绘制,注明各部位尺寸。

承台平面及桩柱平面图样是在承台上、下剖切所得到的正投影图样,注明桩柱间距、数量、位置等;注明各细部尺寸及总尺寸、图名及使用比例等。

(3)侧剖面图

一般侧剖面图是由两个不同位置剖面组合构成的图样,反映出桥台及桥墩两个不同剖面位置,剖切位置是由立面图中的剖切符号决定的。

1)侧剖面图的图示内容

为了清晰表示出侧剖面的桥梁构造情况,一般将比例放大到1∶100。

桥面主梁布置情况、桥面铺装层构造人行道和栏杆构造、桥面尺寸布置横坡度人行道和栏杆的高度尺寸、中线标高等。

左半部分图示出桥台立面图样、构造尺寸,边跨主梁截面根据钢筋混凝土图例涂黑等。右半部分图示出桥墩及桩柱立面图样、构造尺寸、桩柱位置及深度、桩柱间距、桩柱深度及该剖切位置的主梁情况;注明桩柱中心线、各控制位置高程。

2)侧剖面图的绘制要点

侧剖面图的比例尺一般比立面图、平面图大一倍,常采用1∶100的比例尺;桥台及帽梁以上部分主要图示出边跨及中跨主梁、桥面铺装构造、人行道及栏杆构造,不同位置的剖面投影图样。主梁截面用材料图例表示剖到截面涂黑并说明为钢筋混凝土构件,横隔梁用中实线表示。

桥面铺装部分用阴影线图例表示,人行道截面根据使用材料用图例表示,当为钢筋混凝土人行道板时可采用涂黑图例,阴影图例轮廓线用粗实线表示。标示出桥面布置尺寸、各组成部分的构造尺寸、车行道及人行道横坡度、桥梁中线标高等。

主梁以下部分为桥梁墩台的侧立面图图样。左半部分用中实线绘制出桥台立面的构造及标注各部分尺寸;右半部分用中实线绘制出桥墩、承台、帽梁、桩柱,用细点画线表示桩柱及桥墩中心线,标注出各部分的尺寸桩距及控制点高程。

注明图名、比例及文字标注等。

2. 桥梁总体布置图的阅读

(1)首先了解桥梁名称、桥梁类型、各图样比例、图样中单位使用情况、主要技术指标、施工措施等桥梁基本情况。根据成图方法和投影原理读懂平面图、立面图、侧剖面图之间的关系,各剖面部分所取的剖面位置。

(2)通过平面图、立面图、侧剖面图等三个图样的阅读,了解上部结构布置情况、桥面构造等图示内容,如跨度、主梁类型、每跨主梁片数、桥面构造、控制部位高程及各部分的尺寸关系等。

(3)读懂下部结构中的桥墩、桥台类型、桩柱类型、控制部位标高及各部分的尺寸等。

(4)根据图样中河床及土质情况,分析桥梁所在位置水文地质、桩端所在土层类型及水位变化情况。根据图样中结构整体布置、分析各构件系统类型,查出各构件结构详图。

第二章 路基施工技术

第一节 路基施工的准备工作

一、路基施工的基本程序与内容

1.施工前的准备工作

施工前的准备工作是保证施工顺利进行的基本前提。其主要内容包括：劳动组织准备、物资准备、技术准备、施工现场准备及施工场外准备。

2.修建小型构造物

小型构造物包括小桥、涵洞、挡土墙、盲沟等。这些工程通常与路基施工同时进行，但要求小型构造物先行完工，以利于路基工程不受干扰地全线展开，并避免路基填筑之后又来开挖修建涵洞、盲沟等构造物。

3.路基土石方工程

此程序包括路堤填筑、路堑开挖、路基压实、整平路基表面（有横坡要求）、整修边坡修建排水设施及防护加固设施等工作，所包含的工程量大，构造物的种类繁多，且又相互关联制约，并涉及周边环境，是保质量、保工期和节省投资及降低成本的关键所在。因此，施工中应严格按照施工组织设计的规定和监理工程师的指令，精心开展工作。

4.路基工程的竣工检查与验收

竣工检查与验收应按竣工验收规范规定进行。其检查与验收的主要项目有：路基及其有关工程的位置、高程、断面尺寸、压实度或砌筑质量等及其相关的原始记录、图纸及其他资料等，所有检验项目均应满足规定的要求。

二、路基施工的特点和原则

1.路基工程范围广，线路地质条件复杂多变，影响因素较多，且路基为隐蔽工程，一旦施工质量不合格，留下隐患，处理和根治将十分困难。因此，必须采用合理的施工方法，选择合适的施工材料，采用先进的施工工艺和机械设备，进行周密的施工组织和科学的管理，确保路基工程的施工质量，使路基具有足够的稳定性和耐久性。

2. 路基工程施工不仅需要考虑对自身技术问题的解决(如城市道路路基施工时,地面拆迁多、地下线路多、配套工程多、施工干扰多、场地布置难、临时排水难、用土处理难、土基压实难等),还要考虑其他设施和项目的影响(如路面、桥涵、隧道、防护与加固工程、排水设施等)及保护生态环境。

3. 在保证施工质量符合工艺要求和标准的条件下,应积极推广使用经过鉴定的新材料、新设备、新工艺和新的检验方法,并因地制宜合理利用当地材料和工业废料。

4. 路基用地范围内的各种管线工程和附属构筑物,应按照"先地下,后地上""先深后浅"的原则施工,避免道路反复开挖。回填时,必须重视管线沟槽回填土的质量,使其达到与路基相同的设计强度。

5. 路基施工必须贯彻安全生产的方针,制定安全技术措施,加强安全教育,严格执行安全操作规程,确保安全生产。

三、路基施工的基本方法

1. 简易机械化施工

本方法以人力为主,配以机械或简易机械,能减轻工人的劳动强度,加快施工进度。

2. 机械化施工或综合机械化施工

本方法是使用配套机械,主机配以辅机,相互协调,共同形成主要工序的综合机械化作业,能极大地减轻劳动强度,显著加快施工进度,提高工程质量和劳动生产率,降低工程造价,保证施工安全。目前,我国城市道路的施工大多数采用这种方法。

3. 爆破法施工

本方法主要用于石质路基和冻土路基开挖,在隧道工程中,亦广泛应用,并配以相应的钻岩机钻孔与机械清理。亦可用于石料的开采与加工等。

4. 水力机械化施工

本方法是使用水泵、水枪等水力机械,喷射强力水流,冲散土层并流运至指定地点沉积,亦可作采取砂料或地基加固之用。对于砂砾填筑路堤或基坑回填,还可起密实作用(即水夯法)。适用于挖掘比较松散的土质及地下钻孔等施工。

上述施工方法的选择,应根据工程性质、地质条件、施工条件等因素经过论证确定。当采用新技术、新工艺、新材料、新设备进行路基施工时,应采用不同的方案在试验路段上施工,其位置应是地质条件、断面形式、填料均具代表性的地段,其长度不宜小于100m,以便从中选出路基施工的最佳方案,指导全线施工。

四、施工前的准备工作

施工准备工作的基本任务是为拟建工程的施工建立必要的技术和物质条件,统筹安排施工力量和施工现场。实践证明,认真做好施工准备工作,对于保证工程施工的顺利进行、发挥企业优势、合理供应资源、加快施工速度、提高工程质量、降低工程成本、增加经济效益、赢得社会信誉、实现管理现代化等具有重要的意义。

1.劳动组织准备

主要是建立健全施工队伍和组织机构,明确施工任务,制定必要的规章制度,确立施工应达到的目标等。劳动组织准备是做好一切准备工作的前提。

(1)建立健全施工组织机构。根据拟建工程项目的规模、结构特点和复杂程度,确定拟建工程项目的项目经理,设立项目经理部。

(2)组建施工队伍。根据所承揽工程的大小和工期,编制出施工总进度计划网络图,并进一步估算出全部工程的用工日数、平均用工人数、施工高峰期用工人数,以及各专业、工种的合理配合,技工、普工的比例等,选择能适应其工程质量和进度要求的施工队组,并与其签订劳动合同,实行合同管理。

(3)建立健全各项管理制度。其内容包括:工程质量检验、验收制度,工程技术档案管理制度,建筑材料(构件、配件、制品)的检查验收制度,技术责任制度,施工图纸学习与会审制度,技术交底制度,职工考勤、考核制度,工地及班组经济核算制度,材料出入库制度,安全操作制度,机具使用和保养制度等。

2.物资准备

材料、构(配)件、制品、机具和设备是保证施工顺利进行的物质基础,这些物资的准备工作必须在工程开工之前完成。根据各种物资的需要量计划,分别落实货源,安排运输和储备,使其满足连续施工的要求。

3.技术准备

技术准备是施工准备工作的核心。由于任何技术的差错或隐患都可能引起人身安全和质量事故,造成生命、财产和经济的巨大损失。因此必须认真地做好技术准备工作。

(1)原始资料的调查分析。进行拟建工程的实地勘测和调查,获得有关数据的第一手资料,对于拟定一个先进合理、切合实际的施工组织设计是非常必要的。

1)自然条件的调查分析。包括建设范围内水准点和绝对标高,地质构造、土的性质和类别、地基土的承载力、地震级别和烈度,河流流量与水质、最高洪水期的水位,地下水位的高低变化情况,含水层的厚度、流向、流量和水质,气温、雨、雪、风和雷电,土的冻结深度和冬雨季的期限等情况。

2)技术经济条件的调查分析。包括地方建筑施工企业的状况,施工现场的动迁状况,当地可利用的地方材料状况,国拨材料供应状况,地方能源和交通运输状况,地方劳动力和技术水平状况,当地生活供应、教育和医疗卫生状况,当地消防、治安状况和参加施工单位的力量状况等。

(2)熟悉、审查施工图纸。根据建设单位和设计单位提供各类设计图、城市规划图、国家有关的设计、施工验收规范和技术规定,熟悉施工图纸,掌握施工对象的特点、要求和内容。

(3)编制施工预算。施工预算是根据中标后的合同价、施工图纸、施工组织设计或施工方案、施工定额等文件进行编制的,它直接受中标后合同价的控制。它是施工企业内部控制各项成本支出、考核用工、"两价"对比、签发施工任务单。限额领料、基层进行经济核算的依据。

(4)编制中标后的施工组织设计。建筑施工生产活动的全过程是非常复杂的物质财富再创造的过程,为了正确处理人与物、主体与辅助、工艺与设备、专业与协作、供应与消耗、生产与储存、使用与维修以及它们在空间布置、时间排列之间的关系,必须根据拟建工程的规模、结构特点和建设单位的要求,在原始资料调查分析的基础上,编制出一份能切实指导该工程全部施工活动的科学方案(施工组织设计)。

4. 施工现场准备

施工现场是施工的全体参加者为夺取优质、高速、低耗的目标,而有节奏、均衡连续地进行战术决战的活动空间。施工现场的准备工作,主要是为了给拟建工程的施工创造有利的施工条件和物资保证。具体内容如下:

(1)征地与拆迁。根据划定的建设用地范围征用土地,拆迁房屋,电信及管线等各种障碍物;对路线范围内的垃圾堆、水潭、草丛、软土、淤泥等进行妥善处理;复核地下隐蔽设施、外露的检查井、消防栓、人防通气孔的位置和标高,并在图纸上注明,以备施工交底;文物古迹、测量标志必须加以保护,园林绿地和公共设施应避免污染损坏。同时,做好场地排水,保证施工现场的道路、生产和生活用水、用电畅通。

(2)施工放样。路基开工前,应在现场恢复和固定路线,并标定用地范围。其内容主要包括:导线、中线及水准点复测、增设水准点并检查核对、横断面检查核对与补测,并提出改进设计的建议。

(3)做好施工现场的补充勘探。对施工现场做补充勘探是为了进一步寻找枯井、防空洞、古墓、地下管道、暗沟和枯树根等隐蔽物,以便及时拟定处理隐蔽物的方案,并实施。

(4)建造临时设施。按照施工总平面图的布置,建造临时设施,为正式开工准备好生产、办公、生活、居住和储存等临时用房。

(5)安装、调试施工机具。按照施工机具需要量计划、组织施工机具进场,根据施工总平面图将施工机具安置在规定的地点及仓库。对于固定的机具要进行就位、搭棚、接电源、保养和调试等工作。对所有施工机具都必须在开工之前进行检查和试运转。

(6)做好建筑构(配)件、制品和材料的储存和堆放。按照建筑材料、构(配)件和制品的需要量计划组织进场,根据施工总平面图规定的地点和指定的方式进行储存和堆放。

(7)及时提供建筑材料的试验申请计划。按照建筑材料的需要量计划,及时提供建筑材料的试验申请计划。如钢材的机械性能和化学成分等试验;混凝土或砂浆的配合比和强度试验等。

(8)做好冬雨季施工安排。按照施工组织设计的要求,落实冬雨季施工的临时设施和技术措施。

(9)进行新技术项目的试制和试验。按照设计图纸和施工组织设计的要求,认真进行新技术项目的试制和试验。

（10）设置消防、保安设施。按照施工组织设计的要求，根据施工总平面图的布置，建立消防、保安等组织机构和有关的规章制度，布置安排好消防、保安等措施。

5.施工场外准备

（1）材料的加工和订货。建筑材料、构（配）件和建筑制品大部分需外购，工艺设备更是如此。因此加强与加工部门、生产单位联系，签订供货合同，搞好及时供应，对于施工企业的正常生产是非常重要的；对于协作项目也是这样，除了要签订议定书之外，还必须做大量有关方面的工作。

（2）做好分包工作和签订分包合同。由于施工单位本身的力量所限，有些专业工程的施工、安装和运输等均需要向外单位委托或分包。根据工程量、完成日期、工程质量和工程造价等内容，与其他单位签订分包合同、保证按时实施。

（3）向上级提交开工申请报告。当材料的加工、订货和做好分包工作、签订分包合同等施工场外的准备工作完成后，应该及时地填写开工申请报告，并上报上级主管部门批准。

第二节　土质路基施工

一、土质路基填筑

（一）填筑方案

1.分层填筑

（1）水平分层填筑。填筑时按照横断面全宽分成若干水平层次，从最低处逐层向上填筑，每层填土的厚度可按压实机具的有效压实深度和压实度确定。

（2）纵向分层填筑。用推土机从路堑取土填筑距离较短的路堤，依纵坡方向分层填筑、压实直至达到设计高程。

2.竖向填筑方案

在深谷陡坡地段，无法自下而上分层填筑路堤，只能从路堤的一端或两端按横断面全部高度逐步推进填筑。

3.混合填筑方案

在深谷陡坡地段可采用上层水平分层填筑、下层竖向填筑的混合填筑方案。

（二）土质路堤施工技术要点

1.路堤基底的处理

路堤基底是指土石填料与原地面的接触部分。为使两者结合紧密，防止路堤沿基底发生滑动，或路堤填筑后产生过大的沉陷变形，则可根据基底的土质、水文、坡度和植被情况及填土高度采取相应的处理措施。

（1）密实稳定的土质基底。当地面横坡不陡于1：5，应将原地面草皮等杂物清除。当地面横坡为1：5~1：2.5时，在清除草皮杂物后，还应将原地面挖成台阶，每级台阶宽度应不小于1m，高度不大于30cm，台阶顶面做成向内倾斜2%~4%的斜坡。当横坡陡于1：2.5时，必须检验路堤整体沿路基底及基底下软弱层滑动的稳定性，抗滑稳定系数不得小于规范规定值，否则应采取措施改善基底条件或设置支挡结构物等作防滑处置。

（2）覆盖层不厚的倾斜岩石基底。当地面横坡为1：5~1：2.5时，需挖除覆盖层，并将基岩挖成台阶。当地面横坡度陡于1：2.5时，应进行特殊处理，如设置护脚或护墙。

（3）耕地或松土基底。路堤基底为耕地或松土时，应先清除有机土、种植土，平整压实后再进行填筑。在深耕地段，必要时应将松土翻挖、土块打碎，然后回填、找平、压实。经过水田、池塘或洼地时，应根据具体情况采取排水疏干、挖除淤泥、打砂桩、抛填片石或砂砾石等处理措施，以保持基底的稳固。

（4）路堤基底原状土的强度不符合要求时。应进行换填，其深度应不小于30cm，并予以分层压实，压实度应达到设计要求。

（5）加宽旧路堤时。所用填土宜与旧路相同或选用透水性较好的土，清除地基上的杂草，并沿旧路边坡挖成向内倾斜的台阶，其宽度不小于1m。

（6）做好原地面临时排水设施，并与永久排水设施相结合。当路基稳定受到地下水的影响时，应予拦截或排除，引地下水至路堤基底范围以外。如处理有困难时，则应当在路堤底部填以渗水土或不易风化的岩块，使基底形成水稳性好的厚约30cm的稳定层或采用土工织物设置隔离层的方法处理。

2. 路基填料的选择

不得采用设计或规范规定的不适用土料作为路基填料，路基填料强度（采用单位压力与标准压力之比的百分数—承载比CBR来衡量）应符合规范和设计规定。应优先选用级配较好的砂类土、砾类土等粗粒土作为填料，填料最大粒径应小于150mm。具体规定如下。

（1）路堤填料不得使用淤泥、沼泽土、冻土、有机土、含草皮土、生活垃圾、树根和含有腐朽物质的土，以及有机质含量大于5%的土。

（2）液限大于50，塑性指数大于26的土，以及含水量超过规定的土，不得直接作为路基填料。需要应用时，必须采取技术措施，使其满足设计要求并经检验合格后方可使用。

（3）钢渣、粉煤灰等材料，可用作路堤填料。其他工业废渣在使用前应进行有害物质的含量试验，避免有害物质超标，污染环境。

（4）捣碎后的种植土，可用于路堤边坡表层以利绿化。

3. 路基填筑压实要求

路基必须分层填筑压实，每层表面平整，路拱合适，排水良好。其施工要点如下：

（1）填筑路堤宜采用水平分层填筑法施工。

1）严格控制碾压最佳含水量。当用透水性不良的土填筑路堤时，应控制其含水量在最佳含水量 2% 之内。

2）严格控制松铺厚度。采用机械压实时，快速路及主干路的分层最大松铺厚度不应超过 30cm；次干路及支路，按土质类别、压实机具功能、碾压遍数等，经过试验确定，但最大松铺厚度不宜超过 50cm。填筑至路床顶面最后一层的最小压实厚度，不应小于 8cm。

3）严格控制路堤几何尺寸和坡度。路堤填土宽度每侧应比设计宽度宽出 30cm，压实合格后，再削坡。

4）掌握压实方法。压实应先边后中，以便形成路拱；先轻后重，以适用逐渐增长的土基强度；先慢后快，以免松土被机械推动。同时应在碾压前，先行整平，可自路中线向路堤两边整成 2%~4% 的横坡。在弯道部分碾压时，应由低的一侧边缘向高的一侧边缘碾压，以便形成单向超高横坡，前后两次轨迹（或夯击）需重叠 15~20cm。应特别注意控制均匀压实，以免引起不均匀沉陷。

5）加强土的含水量检查。

（2）山坡路堤，当地面横坡不陡于 1：5 且基底处理合格，路堤可直接修筑在天然的土基上。并用小型夯实机加以夯实。填筑应由最低一层台阶开始，然后逐台向上填筑，分层夯实。所有台阶填完并合格后，即可按一般填筑要求进行。砂类土上则不挖台阶，但应将原地面以下 20~30cm 的表土翻松。

横坡陡峻地段的半填半挖路基，必须在山坡上从填方坡脚向上挖成向内倾斜的台阶，其宽度不应小于 1m。其中挖方一侧，在行车范围之内的宽度不足一个行车道宽度时，则应挖够一个行车道宽度，其上路床深度范围之内的原地面土应予以挖除换填，并按上路床填方的要求施工。

（3）若填方分几个作业段施工，两段交接处不在同一时间填筑，则先填地段应按 1：1 坡度分层留台阶。若两个地段同时填，则应分层相互交叠衔接，其搭接长度不得小于 2m。

（三）土石路堤施工技术要点

1. 认真做好基底处理。土石路堤的基底处理同填土路堤。

2. 控制填料质量。天然土石混合材料中所含石料强度大于 20MPa 时，石块的最大粒径不得超过压实厚度的 2/3，超过的应清除；当所含石料为软质岩（强度小于 15MPa）时，石料最大粒径不得超过压实层厚，超过的应打碎。

3. 在土石混合料填筑时，不得采用倾填方法施工，应分层填筑、分层压实，且应注意避免硬质石块（特别是尺寸过大的硬质石块）集中。松铺厚度宜为 30~40cm 或经试验确定（注意应根据压实机具类型和规格来考虑决定）。

4. 压实后渗水性差异较大的土石混合料应分层分段填筑，不宜纵向分幅填筑。如确需纵向分幅填筑，应将压实后渗水良好的土石混合料填筑于路堤两侧。

5. 当土石混合料来自不同路段，其岩性或土石混合比相差较大时，应分层分段填筑。

如不能分层分段填筑，应将含硬质石块的混合料铺于填筑层的下面，且石块不得过分集中或重叠,上面再铺含软质石料混合料,然后整平碾压。

6. 土石路堤的路床顶面以下 30~50cm 范围内,应填筑符合路床要求的土并分层压实,填料最大粒径不大于 15cm。

(四)填石路堤填筑施工技术要点

填石路堤是指用粒径大于 40mm,石料含量超过 70% 的石料填筑的路堤。

1. 填石路堤的基底处理同填土路堤。

2. 填料的要求。膨胀性岩石、易溶性岩石、崩解性岩石和盐化岩石等均不得应用于路堤填筑。填石路堤的石料强度不应小于 15MPa(用于护坡的不应小于 20MPa),石料最大粒径不宜超过层厚的 2/3。

3. 施工中应将石块逐层水平填筑。分层厚度不宜大于 0.5m。大面向下摆放平稳,紧密靠拢,所有缝隙填以小石块或石屑。在路床顶面以下 50cm 范围内应铺有适当级配的砂石料,最大粒径不超过 15cm。超粒径石料应进行破碎,使填料颗粒符合要求。

4. 填石路堤应使用重型振动压路机分层洒水压实,压实时继续用小石块或石屑填缝,直到压实层顶面稳定、不再下沉且无轨迹、石块紧密、表面平整为止。

5. 填石路基倾填前,路堤边坡坡脚应用粒径大于 30cm 的硬质石料码砌。当设计无规定时,填石路堤高度小于或等于 6m 时,起码砌厚度不应小于 1m;大于 6m 时,不应小于 2m。

6. 填石路堤的填料如其岩性相差较大,则应将不同岩性的填料分层或分段填筑。如路堑或隧道基岩为不同岩种互层,允许使用挖出的混合石料填筑路堤,但石料强度不应小于 15MPa,最大粒径不宜超过层厚 2/3。

7. 用强风化石料或软质岩石填筑路堤时,应按土质路堤施工规定先检验其 CBR 值。如 CBR 值不符合要求则不能使用;符合要求时,则按土质路堤的技术要求施工。

(五)路堤边坡施工技术要点

1. 路堤边坡坡度应根据现场的填料种类、边坡高度和基底工程地质条件等确定。在核对设计文件时,应特别注意填料是否与设计要求相符和基底情况相一致。

2. 对于非黏性土,可采用直线滑动面法进行验算;对于黏性土,可采用圆弧滑动面法进行验算。验算时,稳定系数不得小于 1.25。

3. 填方边坡较高时,可在边坡中部每隔 8~10m 设边坡平台一道,其宽度为 1.3m,用浆砌片石或水泥混凝土预制块防护。边坡平台内侧设排水沟时,平台应做成 2%~5% 向内侧倾斜的排水坡度,排水沟可用三角形或梯形断面。当水量大时,宜设置 30×30cm 的矩形、三角形或 U 形排水沟,排水沟可用水泥混凝土预制构件拼装,沟壁厚度 5~10cm。

4. 受水浸淹的路基边坡坡度,在设计水位以上部分视填料情况可采用 1:1.75~1:2,在水位以下部分可采用 1:2~1:3。如用渗水性好的土填筑或设边坡防护时,可采用较陡的边坡。

5. 填石路基应采用不易风化的开山石料填筑,边坡坡度可采用 1:1,边坡坡面应选用大于25cm的石块进行台阶式码砌,其厚度为1~2m。填石路堤的高度不宜超过20m。易风化岩石及软质岩石用作填料时,应按土质路堤边坡要求处理。

6. 护肩路基的护肩应采用当地不易风化的片石砌筑,高度一般不超过2m,其内外坡均应直立,基底面以1∶5坡度向内倾斜。当护肩高度小于1m时,顶宽宜采用0.8m;当高度大于1m时,顶宽宜采用1m。护肩内侧应填石,护肩的襟边宽度;当地基为弱风化硬质岩石时,取0.2~0.6;当地基为强风化岩石或软质岩石时,取0.6~1.5;当地基为弱风化密实的粗粒土时,取1.0~2.0。

二、路堑开挖及其施工技术

路堑是道路通过山区与丘陵地区的一种常见路基形式,由于是开挖建造,所以结构物的整体稳定是路堑设计和施工的中心问题。

1. 路堑开挖方案

土质路堑开挖,应根据挖方数量大小及施工方法的不同而确定开挖方案。

(1)纵向全宽掘进开挖(横挖法)。纵向全宽掘进开挖是在路线一端或两端,沿路线纵向向前开挖。单层掘进开挖,其高度即等于路堑设计深度,掘进时逐段成型向前推进,由相反方向运土送出。单层掘进的高度受到人工操作安全及机械操作有效因素的限制,如果施工紧迫,对于较深路堑,可采用双层或多层开挖纵向掘进开挖,上层在前,下层随后,下层施工面上留有上层操作的出土和排水通道,层高视施工方便且能保证安全而定,一般为1.5~2.0m。

(2)横向通道掘进开挖(纵挖法)。横向通道掘进开挖是先在路堑纵向挖出通道,然后分段同时由横向掘进。此法工作面多,既可人工施工,亦可机械施工,还可分层纵向开挖,即将路堑分为宽度和深度都合适的纵向层次向前掘进开挖。可采用各式铲运机施工;在短距离及大坡度时,可用推土机施工;如系较长较宽的路堑,可用铲运机并配以运土机具进行施工。

(3)混合式掘进开挖。混合式掘进开挖是上述二法的综合,即先顺路堑开挖通道,然后沿横向坡面挖掘,以增加开挖坡面,每一开挖坡面应能容纳一个施工组或一台开挖机械作业。在较大的挖土地段,还可沿横向再挖沟,配以传动设备或布置运土车辆。当路线纵向长度和深度都很大时,宜采用混合式开挖法。

2. 路堑开挖施工技术要点

(1)做好施工前的准备工作。包括复查施工组织设计、核实调整土方调运图表、施工现场清理、施工放样、临时排水设施施工、施工机械的准备及环保措施的落实等。

(2)进行土方开挖。已开挖的适用于种植草皮和其他用途的表土,应储存于指定地点,以便取用;根据试验,对开挖出的适用于填筑的材料应分类存放。不适用于填筑的材料,应按相关规定妥善处理。

(3)换填符合要求的土。当路堑路床下为有机土、难以晾干压实的土、CBR值达不到规定要求的土等不宜做路床的土时,均应清除,换填符合要求的土。

(4)做好边沟与截水天沟的开挖施工

1)边沟、截水沟及其他引、截排水设施应严格按照设计图纸施工,其出水口应通至桥涵进、出水口处。截水沟不应通过地面坑凹处,必须通过时,应按照路堤填筑要求将凹处填平压实后,再开挖沟槽,并防止不均匀沉陷和变形。

2)平曲线边沟沟底内侧不得有积水,沟顶不得有水外溢现象发生。

3)路堑和路堤交接处的边沟应平缓引向路堤两侧的天然沟或排水沟,不得冲刷路堤。路基坡脚附近不得积水。

4)所有排水沟渠应从下游出口向上游开挖。

(5)所有排截水设施应满足:沟基稳固,沟形整齐,沟坡、沟底平顺,沟内无浮土杂物,沟水排泄不对路基产生危害。严禁在未加处理的弃土上挖排水沟。截水沟的弃土应用于路堑与藏水沟间修筑土台,并分层压实(夯实),台顶设 2% 倾向截水沟的横坡,土台边缘坡脚距路堑顶的距离不应小于设计规定。

(6)当挖方地段遇有地下含水层时,应根据现场实际情况,采取有效的排水措施予以处理。当路堑路床顶部以下位于含水量较多的土层时,应换填透水性良好的材料,换填深度应满足设计要求,并整平凹槽底面,设置渗沟,将地下水引出路外,再分层回填压实。

(7)认真妥善处理弃土

1)在开挖路堑弃土地段前,应提出弃土的施工方案(包括弃土方式、调运方案、弃土位置、弃土形式、坡脚加固方案、排水系统的布置及计划安排等),报有关单位批准后实施。

2)路基弃土应堆放齐整,不得任意倾倒,并采取必要的排水、防护和绿化措施。山坡上弃土应注意避免破坏或掩埋路基下侧的林木、农田、自然形成的天然排水通道及其他工程设施,沿河弃土应避免堵塞河道或引起水流冲毁农田、房屋。

3)弃土堆的边坡不应陡于 1:1.5,顶面向外应设不小于 2% 的横坡,其高度不宜大于3m。路堑旁的弃土堆,其内侧坡脚与路堑顶之间的距离,对于干燥硬土不应小于 3m;对于软湿土不应小于路堑深度加 5m。

4)在山坡上侧的弃土堆应连续而不中断,并在弃土前设截水沟;山坡下侧的弃土堆应每隔 50~100m 设不小于 1m 的缺口排水,弃土堆坡脚应进行防护加固。

5)严禁在岩溶漏斗处、暗河口处、贴近桥墩台处弃土。

6)尽可能与当地农田建设和自然环境相结合,利用弃土改地造田。

7)路侧弃土堆一般可设在附近低地或路堑处原地面下坡的一侧,当地面横坡缓于 1:5时,可设在路堑两侧。

三、挖方路基的边坡坡度要求与施工技术要点

1. 路基的边坡坡度

（1）土的挖方边坡坡度主要与边坡高度、土的湿度、密实程度、地下水、地表水情况、土的成因类型及生成时代等因素有关。

（2）岩石的挖方边坡坡度主要与岩性、地质构造、岩石的风化破碎程度、边坡高度、地下水及地表水等因素有关。

2. 施工技术要点

（1）土的挖方边坡坡度应根据调查路线附近已建工程的人工边坡及自然山坡稳定状况。土的密实程度划分应通过挖坑试验判别。

（2）砾石类土的挖方边坡坡度主要与砾石土成因、岩块成分和大小、密实程度及休止角有关，并应结合当地水文条件和边坡高度进行对比分析、论证确定边坡坡度大小。

（3）在边坡施工中，由于设计时所采用的参数可能与现场的实际土质情况不相符合，因此，施工技术人员应注意随着填、挖的进行，对影响边坡坡度稳定的因素进行认真的观察分析，如发现设计的边坡坡度不能达到边坡稳定的情况时，应按相关规定考虑变更设计，以确保边坡稳定。

四、土质路基机械化施工及施工机械选择

常用的路基土方施工机械有推土机、松土机、平地机、铲运机、挖掘机、自卸汽车、各类压实机械及水力机械等。这些机械可以单机作业，亦可组合配套综合作业。

1. 机械化施工技术要点

（1）采用机械按横挖法开挖路堑，且弃土（或以挖作填）运距较远时，宜用挖掘机配合自卸汽车作业，每层台阶高度可较原有分层高度增加3~4m。亦可用推土机开挖，但当弃土（或以挖作填）运距超过推土机的经济运距时，可用推土机推土堆积，再用装载机配合自卸汽车运土；机械开挖路堑时，配以平地机或人工分层修刮平整边坡。

（2）采用机械按纵挖法开挖路堑时，其施工要点有以下几点。

1）当采用分层纵挖法挖掘的路堑长度较短（小于100m），开挖深度不大于3m，地面坡度较陡时，宜采用推土机作业。推土机作业时，每一铲挖地段的长度应能满足一次铲切达到满载的要求，一般为5~10m。铲挖宜在下坡时进行，对普通土下坡坡度宜为10%~18%；对于松土下坡坡度宜为10%~15%。傍山卸土的运行道应设有向内稍低的横坡和向外排水的通道。

2）当采用分层纵挖法挖掘的路堑长度较长（超过100m）时，宜采用铲运机作业。对于拖式铲运机和铲运推土机，其铲斗容积为4~8m³的适宜运距为100~400m；容积为9~12m³的距为100~700m。自行式铲运机适宜运距可参照上述运距加倍。铲运机在路基上的作业

距离一般不宜小于100m。铲运机作业面的长度和宽度应能使铲斗易于达到满载。有条件时,宜配备一台推土机配合铲运机作业。铲运机的运土道路,单道宽度不应小于4m,双道宽度不应小于8m。重载上坡纵坡不宜大于8%,空驶上坡,纵坡不得大于50%。弯道应尽可能平缓,避免急弯。路基表层应在回驶时刮平,重载弯道处表面应保持平整。

3)铲运机卸土场的大小应满足分层铺卸的需要,并留有回转余地。填方卸土应边走边卸,防止成堆,行走路线外侧边缘至填方边缘的距离不宜小于20cm。

(3)当路线纵向长度和挖深都很大时,宜采用混合式开挖法。

(4)开挖边沟、修筑路拱,刷刮边坡、整平路基表面时,宜采用平地机配合其他土方机械作业。

2. 土方工程施工机械的选择

各种土方工程机械,根据其性能,都有其适合的工作范围。因此,施工技术人员应根据工程性质、施工条件、工程的主要施工内容等来正确选择施工机械,安排和组织各种机械的作业,以发挥机械的使用效率,合理、保质、保时和经济地完成工程施工任务。常用土方机械的适用范围见表2-1,可供选用时参考。

表2-1 常用土方机械的适用范围表

机械名称	适用的作业项目		
	施工准备工作	基本土方作业	施工辅助作业
推土机	修筑临时道路;推倒树木、拔除树根;铲草皮、除积雪及建筑碎屑;推缓陡坡地形,整平场地;翻挖回填井、坑、陷穴、坟	高度3m以内的路堤和路堑土方;运距100m以内土方的挖、填与压实;傍山坡挖填结合路基土方	路基缺口土方的回填;路基粗平,取弃土方的整平;填土压实,斜坡上挖台阶;配合挖掘机与铲运机松土、运土
铲运机	铲除草皮;移运孤石	运距在60~700m以内的挖土、运土、铺平与压实(高度不限)	路基粗平;取土坑与弃土堆整平
自动平地机	除草、除雪、松土	修筑0.75m以内路堤与0.6m以内路堑,以及挖填结合路基的挖、运、填土	开挖排水沟,平整路基,整修边坡
松土机	翻松旧路面、清除树根及废土层、翻松硬土		Ⅲ-Ⅳ类土的翻松;破碎0.5m以内的冻土层
挖掘机		半径7m以内的挖土与卸土;装土供汽车远运	挖沟槽与基坑;水下捞土(反向铲土等)

3. 机械化施工组织及要求

(1)机械化施工的组织要点:建立健全施工管理体制,实施全面质量管理;正确编制施工组织计划和正确选择技术操作方案;根据工程实际,抓住重点,兼顾一般,把主要精力放在技术复杂、工期长的项目上;加强技术培训和安全教育,实施文明施工,保护环境。

(2)机械化施工的具体要求

根据实施性的施工组织设计按"就地取土填筑、近距离取土填筑、远距离取土填筑、就地弃土及短距离弃土"等情况进行机械配置。

1）就地取土填筑。如果工程不大，取土和平整工序可由平地机完成；压实和土的润湿工作，可分别由压路机和洒水车完成。机械配备数量，宜视需完成的工程量、工期和设备的能力而定。

2）近距离取土填筑。宜划段分层以推土机和铲运机担任运土工作，平地机和压路机分别担任整平和压实工作。机械的配备数量，宜最大限度地满足机械产量的要求，充分发挥机械效率。

3）远距离取土填筑。远距离取土填筑的土一般来源于取土场或路堑，宜以推土机完成挖土程序，装载机或挖掘机完成装土工序（当土质不坚时，亦可不用推土机，而直接用装土设备装土），以自卸汽车完成运土工序。汽车数量应按装车设备能力和运距的长短而定，其余各工序按上述 1）、2）办理。

4）就地弃土或短距离弃土。可用推土机或铲运机完成。

第三节　石质路基施工

一、爆破的基本原理和应用范围

1. 爆破作用的基本原理

为了爆破某一物体而在其中或表面放置一定数量的炸药，称为药包。它按形状可分为集中药包（药包的形状接近球形或立方体）、延长药包（药包的长边超过短边的 4 倍）、分集药包（将一个集中药包分为几个间隔一定距离的集中子药包）。

（1）药包在无限介质内的作用。药包在无限介质内爆炸时，炸药在瞬间内通过化学反应由固态转化为气态，体积增加百倍乃至数千倍，并产生不小于 15000MPa 的静压力，同时产生温度高达 1500~4500℃、速度高达每秒上千米的冲击波，自药包中心按球面等量向外扩散，传递给周围介质，使介质产生各种不同程度的破坏和振动现象。这种现象随距药包中心的距离增大而逐渐消失。介质按破坏程度的不同，大致可分为四个爆破作用圈，如图 2-1 所示。

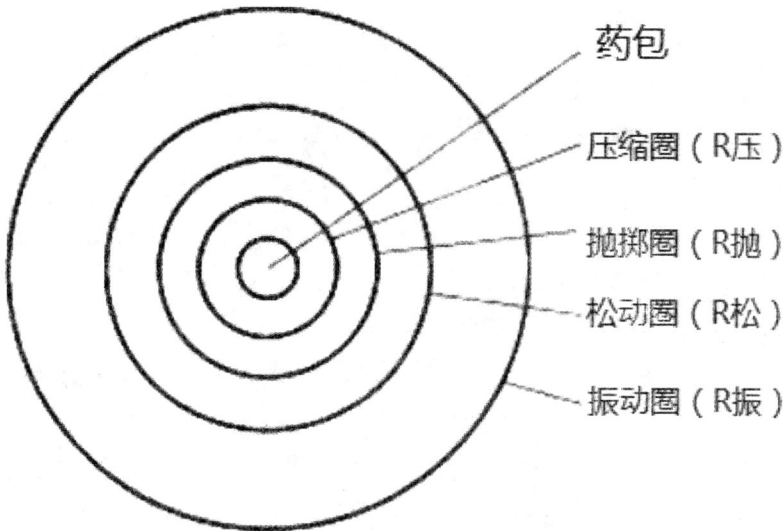

图 2-1 爆破作用圈示意图

1）压缩圈（R 压表示压缩圈半径）。在这个作用圈范围内，介质直接承受药包爆炸所产生的极其巨大的作用力。如果介质是可塑性的土，便会遭到压缩形成空腔；如果是坚硬的脆性岩石，便会被粉碎。所以把 R 压这个球形区叫作压缩圈或破碎圈。

2）抛掷圈。在压缩圈范围以外至 R 抛的区间，所受的爆破作用力虽较压缩圈内小，但介质原有的结构受到破坏，分裂成为不同尺寸和形状的碎块，而且爆炸尚有余力，足以使这些碎块获得运动速度。如果在有限介质内，这个区间的某一部分处在临空的自由条件下，破坏了的介质碎块便会产生抛掷现象，因而叫作抛掷圈。但在无限介质内不会产生任何抛掷现象。

3）松动圈。在抛掷圈以外至 R 松的区间，爆炸力大大减弱，但仍能使介质结构受到不同程度的破坏，只是爆炸已无余力使破碎岩石产生抛掷运动，因而叫松动圈。

4）振动圈。在松动圈以外到 R 振的区间，微弱的爆破作用力不能使介质产生破坏。这时介质只能在冲击波的传播下，发生振动现象，就叫作振动圈。振动圈以外爆破作用的能量就会消失了。

（2）药包在有限介质内的爆破作用与爆破漏斗。药包在有限介质内爆炸时，在具有临空的表面上会出现一个爆破坑，一部分炸碎的土石被抛到坑外，一部分仍落在坑底。由丁爆破坑形状如同漏斗，因此被称为爆破漏斗。

2. 工程爆破的适用范围

（1）松动爆破。松动爆破通常用于将岩石破碎。特点是不大量抛掷岩块。其爆破方法有药室法、钻孔（深孔、浅孔）法和药壶法等。减弱松动爆破，多用于道路路堑开挖和边坡的整修；一般松动爆破，常用于岩土爆破；加强松动爆破，一般用于平坦或坡度较平级地带微风化岩层中路堑、沟渠工程的开掘。其特点是既可抛出一定数量的岩块，又可保持边坡稳定。

（2）抛掷爆破

1）标准抛掷爆破。常用于药室大爆破,特别是山区斜坡地形开掘路堑、渠道等。其中最有利地形条件是 30°~70° 的坡地。

2）加强抛掷爆破。多用于平坦地形中开挖基坑、路堑、沟渠等,既可开挖岩土,又能将大部分碎块抛掷到一定距离与位置。

3）定向爆破。多用于移挖作填或直接利用挖方填筑路堤、水堤等工程。它是利用爆破能量将岩土集中抛掷到所要求的指定位置的爆破施工方法。

3. 常用的爆破方法、起爆器材与起爆方法

开挖岩石路基常用的爆破方法,一般可分为中小型爆破和大型爆破两大类。

（1）中小型爆破方法

1）裸露药包法。将药包置于被炸物体表面或经清理的岩缝中,药包表面用草皮或稀泥覆盖,然后进行爆破。主要用于破碎大孤石或进行大块岩石的二次爆破。

2）炮眼法（钢钎炮）。指炮眼直径和深度分别小于 7cm 和 5m 的爆破方法。一般情况下,单独使用钢钎炮爆破石方是不大经济的,这是因为:炮眼直径小,炮眼浅,装药量受限制,一般最多装药为眼深的 1/3~1/2,每次爆破的石方量不大（通常不超过 10m3）,所以工效低;由于眼浅,爆破时爆炸气体很容易冲出,变成不做功的声波,以致响声大而炸下的石方不多,个别石块飞得很远,不利于爆破能量的利用。因此,在路基石方集中时,应尽可能少用这种炮型。但是,由于此法操作简便,对设计边坡的岩体振动损害小,平均耗药量也少,机动灵活,因此它又是一种不可缺少的炮型。常用于土石方量分散而小的工程以及整修边坡、开挖边沟、炸孤石等,也常用此法改造地形,为其他炮型服务。

炮眼的位置应选择在临空面多的地方。炮眼方向不要与岩石的节理和裂缝相平行,而应与之垂直,不可避免时则炮眼应与裂缝有一定距离,否则爆炸气体将会沿裂缝逸散,降低爆破效果。只有一面临空时,炮眼应与临空面斜交呈 30°~60° 夹角。

3）药壶法（葫芦炮）。指在深 2.5m 以上的炮眼底部用少量炸药经一次或多次烘膛,使炮眼底部扩大成葫芦形,集中埋置炸药,以提高爆破效果的一种炮型。它适用于结构均匀致密的硬土、次坚石、坚石。对炮眼深度小于 2.5m、节理发达的软石或薄层岩石、渗水或雨季施工,不宜采用。

（2）大爆破。大爆破系采用导洞和药室装药,用药量在 1000kg 以上的爆破。大爆破主要用于石方大量集中、地势险要或工期紧迫的路段施工。

（3）微差爆破（毫秒爆破）。微差爆破是指两相邻药包或前后排药包以毫秒的时间间隔（一般为 15~17ms）依次起爆的爆破,可提高爆破效果。

（4）光面爆破。光面爆破是指在开挖限界处,按适当间隔布置炮孔,在有侧向临空面的条件下（主爆孔的药包先爆破后）,用控制抵抗线和药量的方法进行的爆破,可形成光滑平整的边坡。

（5）预裂爆破。预裂爆破是指在开挖限界处,按适当间隔布置炮孔,在没有侧向临空面

和最小抵抗线的情况下，即在开挖主爆孔的药包爆破前，用控制药量的办法，预先炸出一条裂缝，使拟爆破体与山体分开，作为隔振减振带，起保护和减弱开挖限界以外山体或建筑物的地震破坏作用。

（6）起爆器材

1）火雷管（也称普通雷管）。火雷管由雷管壳加强帽三部分组成，在管壳开口的一端留有 15mm 长的空隙，以便插入导火索，另一端做成窝槽状。它是用导火索来引爆的。

2）电雷管。电雷管的构造与火雷管基本相同，不同的是在管壳口的一端有一个电气点火装置，通电时，电流通过电桥丝将引燃剂点燃，使正起炸药爆炸。电雷管是用电流点火引爆炸药的。电雷管又分为即发电雷管和迟发电雷管。即发电管用于同时点火同时起爆的爆破线路中，迟发电雷管用于同时点火，但不同时爆炸的爆破线路中。迟发电雷管构造与即发电雷管基本相同，只是在引火药与起爆药之间装有燃烧速度控制的缓燃剂。

（7）起爆方法

1）导火索及火花起爆法。导火索是点燃火雷管的辅助材料，外形为圆形索线，索心内装有黑火药，中间有纱导线，心外紧缠数层纱包线与防潮纸（或防潮剂）。对导火索的要求是燃烧完全、燃速恒定。根据使用要求导火索的正常燃烧速度为 100~120s/m，缓燃燃速为 180~210s/m。

2）电力起爆法。电雷管是用点火器通过电爆导线起爆的。点火器即为产生电流的电源，如干电池组、蓄电池、小型发电机等。

3）传爆线及传爆线起爆法。传爆线又称导爆索，其索心用黑索金或泰安等高级烈性炸药制成，爆速为 6800~7200m/s，内有双层棉织物，一层为防潮层，一层为缠绕着的纱线。为与导火索区别，表面涂成红色或红黄相间等色。传爆线着火较困难，使用时须在药室外的一段传爆线上捆扎一个 8 号雷管来起爆。传爆网路与药包的连接方式有并联、串联、共簇联等。由于传爆线的爆速快，故在大量爆破的药室中，使用传爆线起爆可以提高爆破效果，但必须严格遵守安全规程。

二、爆破施工技术

1.爆破施工技术难点

（1）爆破施工设计的基本文件包括：爆破工点的地质图、地形图，采用爆破方法的依据和相应的炮眼布置图，爆破规模较小时，可只提出钻孔、装药和起爆的说明或规定；主要爆破参数和控制装药量的设计计算书；爆破安全距离计算及其安全防护措施；起爆网络的说明或设计计算书；设计文件批准书。

（2）沟槽、附属结构物基坑的开挖，宜采用控制爆破，以保持岩石的整体性。在风化岩层上，应作防护处理。

（3）路基和基坑完工后，应按设计要求，对标高、纵横坡度和边坡进行检查，做好边坡基底的整修工作,碎裂块体应全部清除。超挖回填部分应严格控制填料的质量,以防渗水软化。

(4)填筑路段石料不足时,可在路基外部填石、内部填土或下部填石、上部填土,土石上下结合面应设置反滤层。

(5)路基岩石爆破,应根据爆破工点周围的环境及施工机具,结合地形、地质条件选择合理的爆破方案,制定爆破施工设计文件。爆破参数应通过现场试验,确认无误后方能在施工中正式采用。

(6)市区石方爆破应以小型爆破、控制爆破或静态破碎为主,郊区及有条件的市区可采用中型爆破。爆破施工应制定爆破设计文件和安全技术措施,经公安部门批准后实施。

(7)在市区及交通要道,应采用电力起爆和导爆管起爆。起爆炮孔装药,必须制作起爆药包,严禁将雷管直接投入炮孔装填。

(8)控制爆破适用于城市道路中各种建筑物及其设备和文物古迹近距离内的岩石爆破,并可用以拆除各种砖石、混凝土结构。

(9)采用控制爆破施工时,应减少一次同时起爆的炸药量,采用间隔装药和微差爆破;爆破的飞石安全距离仍需估算,为防止飞石带来破坏,应采用高强度填孔材料和安全防护措施;计算参数必须通过试验验证并达到预期效果时,方可采用。

(10)静态破碎法适用于切割或破碎混凝土和岩石设计。破碎混凝土时,对被破碎体的结构和强度,应先进行分析,然后选择设计参数,切割(破碎)岩石时,应对地质构造、岩石坚硬程度、层理、节理以及地下水状况进行调查了解,综合实际情况,然后选择设计参数;各种不同型号的破碎剂应通过有关部门鉴定后方可使用。

(11)一次起爆的用药量,对结构物地基产生的振动速度及其相应的危害程度,应通过试验确定。一次起爆的用药量对结构物地基引起的振动速度严禁超出其允许值。

2. 其他注意事项

(1)对需用爆破法开挖的路段,如空中有缆线,应查明其平面位置和高度,如地下有管线,应查明其平面位置和埋设深度;同时调查开挖边界线外的建筑物结构类型、完好程度、距开挖界距离,然后制订爆破方案。

(2)进行爆破作业时,必须由经过专业培训并取得爆破证书的专业人员进行施爆。

(3)开挖风化较严重、节理发育或岩层产状对边坡稳定不利的石方,宜用小型排炮微差爆破。小型排炮药室距设计边坡线的水平距离,不应小于炮孔间距的1/2。

(4)当岩层走向与路线走向基本一致、倾角大于 15° 且倾向道路或开挖边界线外有建筑物,施爆可能对建筑物地基造成影响时,应在开挖层的边界沿设计坡面打预裂孔,孔深同炮孔深度,孔内不装炸药和其他爆破材料,孔的距离不宜大于炮孔纵向间距的1/2。

(5)开挖层靠近边坡的两列炮孔或靠顺层边坡的一列炮孔,宜采用减弱松动爆破。

(6)开挖边坡外有必须保证安全的和重要的建筑物,即使采用了减弱松动爆破都无法保证建筑物安全时,应采用人工开凿、化学爆破或控制爆破。

(7)在开挖区应注意排水,在纵向和横向形成坡面开挖面,其坡度应满足排水要求,以确保爆破出的石料不受积水浸泡。

（8）炮眼位置选择：炮位设置应避开溶洞和大的裂隙，避免在两种岩石硬度相差很大的交界面处设置炮孔药室；非群炮的单炮或数炮施爆，炮孔宜选在抵抗线最小，临空面较多，且与各临空面大致距离相等的位置，同时应为下次布设炮孔创造更多的临空面；群炮宜分排或分段采用微差爆破；非群炮的单炮或数炮施爆，炮眼方向宜与岩石临空面大致平行，一般按岩石外形、节理、裂隙等情况，分别选择正眼炮、斜眼炮、平炮眼或吊炮眼等。

第四节　路基压实施工技术

一、土基压实标准及其应用

1. 土基压实标准

土基的压实程度用压实度来表示，以此来检查和控制压实的质量。压实度是指土被压实后的干密度与该土的标准最大干密度之比，用百分率表示。

我国的压实标准见表 2-2，表中给出轻、重两种击实标准的压实度，一般情况下应采用重型击实标准，特殊情况下可采用轻型击实标准。

表 2-2 路基压实度表

挖填类型	深度范围（cm）	最低压实度（%）		
		快速路及主干路	次干路	支路
填方	0~80	95/98	93/95	90/92
	80~150	93/95	90/92	87/90
	>150	87/90	87/90	87/90
挖方	0~30	93/95	93/95	90/92

2. 压实标准规定的应用

（1）表 2-1 的规定仅适用于土质路基。

（2）对于土石路堤的压实程度可采用以下方法来判定。

1）采用灌砂法或水袋法检测。其标准干密度应根据每一种填料的不同含石量的最大干密度做出标准干密度曲线，然后根据试坑取试样的含石量，从标准干密度曲线上查出对应的标准干密度。

2）当采用灌砂法或水袋法检验有困难时，可在规定深度范围内，通过 12t 以上振动压路机进行压实试验，当压实层顶面稳定，不再下沉时，可判为密实状态。采用强夯或冲击压路机施工时，其压实层厚与质量控制标准可通过现场试验或参照相应的技术规范确定。

3）如几种填料混合填筑，则应从试坑挖取的试样中计算各种填料的比例，利用混合料中几种填料的标准干密度曲线查得对应的标准干密度，用加权平均的计算方法，计算所挖试坑的标准干密度。

（3）填石路堤的压实质量宜采用施工参数（压实功率、速度、压实遍数、铺筑层厚等）与压实质量检测联合控制判定。我国城市道路路基工程施工及验收规范规定，填石路堤须用重型压路机或振动压路机分层碾压，表面不得有波浪、松动现象，路床顶面压实度标准是12~15t 压路机的碾压轨迹深度不应大于 5mm。

（4）桥涵及其他构筑物处填土压实标准是：高速路和主干道的桥台、涵身背后和涵洞顶部的填土压实标准为 96%；其他道路为 94%。

（5）路堑路床及高填方路堤的压实标准参照表 2-2 执行。

3. 压实机具的选择

压实机具选择的主要依据是：

（1）土质。对于砂性土的压实效果，振动式压路机较好，夯击式机具次之，碾压式压路机较差；对于黏性土，则碾压式压路机和夯击式机具较好，振动式压路机较差甚至无效。

（2）土层厚度。不同压实机具，在最佳含水量条件下，适应于一定的最佳压实厚度，并具有相应的压实遍数。

（3）压实位置。压实面积大的地方适宜于采用大型的压实机具；压实面积小的地方，如桥台、台背、检查井周围等用小型压实机具才能确保压实质量。

（4）被压土的强度极限。为防止压实过度，失效而造成浪费，一般地，压实时压实机具施加于土的单位压力不应超过土的强度极限。不同土的强度极限亦是选择机具和控制压实功能的参考因素。

二、压实工作组织

1. 施工特征

路基填筑工程可用配套的机械化施工。形成挖、装、运、摊、平、压机械化流水作业，可保证路基填筑高质量，高速度地完成。

2. 施工方法

（1）恢复路基中线并加密中桩，测标高，放出坡脚桩，桩上注明桩号，标上填筑高度。

（2）清除填方范围内的草皮、树根、淤泥、积水，并翻松、平整压实地基，经监理工程师认可，实测填前标高后，方能上土填筑路基。

（3）选择适宜的取料场，选择适宜的填筑材料，提前做好标准击实试验并经监理工程师批准。

（4）地面横坡陡于 1∶5 时，原地面应挖成台阶后填筑，地面横坡陡于 1∶2.5 时，应做特殊处理，防止路堤沿基底滑动。

（5）采用水平分层的方法填筑路堤，根据压实设备和技术规范确定压实厚度，一般控制每层压实厚度 20cm。

（6）土方的挖、装、运均采用机械化施工，一般用挖装机械配备自卸汽车运土，按每立方米用土量严格控制卸土，推土机把土摊开，平地机整平。

（7）当路基填土含水量大于最佳含水量时可在路外晾、晒也可在路基上用铧犁翻拌晾晒；当含水量不足时，可用水车洒水补充，使填土达到最佳含水量的要求，确保达到压实度标准。

（8）当路堤宽度、厚度和填土含水量等符合要求后，用压路机从路边向路中，从低侧向高侧顺序碾压。压实遵照先轻后重的原则，直到达到设计的压实度为止。

（9）根据路堤的填筑高度，严格按规范要求检查压实度，每层填土都要资料齐全，并经监理工程师签认或旁站。

（10）在雨季施工中，严防路堤积水，填筑层表面应适当加大横坡度，以利于排水，并注意天气预报，及时碾压成型，防止填土被雨水泡软。

（11）进入初冬填筑路堤时，尽量昼夜连续施工，取土场进行覆盖，保证填土不受冻害影响，每天填筑的土层要当天碾压成型。

（12）达到设计标高时要抓紧按设计要求整理路槽，修整边坡，防护，确保路堤填筑质量和稳定性。

（13）设计在填方路段的桥涵构造物要提前施工，桥涵两侧填土应特别注意，填筑材料必须符合设计及规范要求，台背填方最好与路堤填方同步协调进行，桥台附近配合小型压实机械压实，台背回填和路堤填充方结合部要特别重视，如后填台背要挖台阶，保证压实度合格。雨季应防止地面水流入，如有积水要及时排除，确保台背压实质量，严防因桥头填土沉降而造成的跳车。

（14）半填半挖路基和填挖交界处的路基，要结合挖方路基的施工要求进行，填方一般从低处开始，按距路基顶面的不同高度控制压实度标准，最后一层要翻松挖方地段，平整后和填方路段一起碾压成型路基。

第五节　路基的防护与加固

一、防护工程类型和适用条件

（一）路基防护工程类型

路基防护工程是防治路基病害、保证路基稳定、改善环境景观、保护生态平衡的重要设施。其类型可分为以下两种。

1.边坡坡面防护。主要是保护路基边坡表面，免受雨水冲刷，减缓温差及温度变化的影响，防止和延缓软弱岩土表面的风化碎裂、剥蚀演变进程，从而保护路基边坡的整体稳定性，在一定程度上还可美化路容,协调自然环境。植物防护:种草、铺草皮、植树。工程防护(矿料防护):框格防护封面、护面墙、干砌片石护坡、浆砌片石护坡、浆砌预制块护坡、锚杆钢丝网喷浆喷射混凝土护坡。

2. 沿河河堤河岸冲刷防护。直接防护:植物、砌石、石笼、挡土墙等。间接防护:丁坝顺坝等调治构造物以及改造护林带。

(二)各种防护工程适用条件

1. 植物防护

(1)种草防护:适用于边坡稳定,坡面受雨水冲刷轻微且易于草类生长的路堤与路堑边坡。选用根系发达、叶茎低矮、多年生长且适宜于当地土壤和气候条件的草种,植于40cm(无熟土时,表土厚度≥20cm)表土层。播种方法有撒播法、喷播法和行播法。当前推广使用的两种新方法是湿式喷播技术和客土喷播技术。

(2)铺草皮:适用于需要迅速绿化的土质边坡。草皮护坡铺置形式有平铺式叠铺式、方格式和卵(片)石方格式四种。

(3)植灌木:与种草、铺草皮配合使用,使坡面形成良好的防护层,适用于土质边坡和膨胀土边坡,但对盐渍土经常浸水、经常干旱的边坡及粉质土边坡不宜采用。灌木宜植于1:1.5或更缓的边坡上或在堤岸边的河滩上,用以降低流速,促使泥沙淤积。

2. 工程防护

(1)框格防护适用于土质或风化岩石边坡,框格防护可采用混凝土、浆砌片(块)石、卵(砾)石等做骨架,框格内宜采用植物防护或其他辅助防护措施。

(2)封面包括抹面、捶面、喷浆、喷射混凝土等防护形式。抹面防护适用于易风化的软质岩石挖方边坡,岩石表面比较完整,尚无剥落;捶面防护适用于易受雨水冲刷的土质边坡和易风化的岩石边坡;喷浆和喷射混凝土防护适用于边坡易风化、裂隙和节理发育、坡面不平整的岩石挖方边坡。

(3)护面墙:用于封闭各种软质岩层和较破碎的挖方边坡以及坡面易受侵蚀的土质边坡。用护面墙防护的挖方边坡不宜陡于1:0.5,并应符合极限稳定边坡的要求。护面墙分为实体、窗孔式、拱式等类型,应根据边坡地质条件合理选用。

(4)石砌护坡:干砌片(卵)石护坡适用于易受水流侵蚀的土质边坡、严重剥落的软质岩石边坡、周期性浸水及受水流冲刷较轻(流速小于2~4m/s)的河岸或水库岸坡的坡面防护。浆砌片(卵)石护坡适用于防护流速较大(3~6m/s)、波浪作用较强,有流水、漂浮物等撞击的边坡。对过分潮湿或冻害严重的土质边坡应先采取排水措施再行铺筑。

(5)浆砌预制块防护:适用于石料缺乏地区,预制块的混凝土强度不应低于C15,在严寒地区不应低于C20。

(6)锚杆钢丝网喷浆或喷射混凝土护坡:适用于直面为碎裂结构的硬岩或层状结构的不连续地层以及坡面岩石与基岩分离并有可能下滑的挖方边坡。施工简便,效果较好。

3.土工织物防护

（1）挂网式坡面防护：适用于风化碎落较严重的岩石边坡。沿边坡悬挂的土工网能截住落石，引导其进入边沟或其他可控制地区。落石直径较大，边坡倾角大于40°时不宜使用。

（2）土工织物复合植被防护：综合了土工织物和植被两类防护的优点，其典型形式是三维土工网（垫）植草防护，主要适用于边坡坡度缓于1∶1，边坡高度小于3m的土质边坡。

（3）其他土工织物防护：草坪植生带、适用于破碎或易风化破碎的岩石路堑边坡的锚杆挂高强塑料网格喷浆（喷射混凝土）以及土工织物做反滤层的护坡。

（三）路基冲刷防护工程技术

1.直接防护。路堤冲刷主要是洪水急流，水位变迁不定，水流速度较大（达到3.0m/s或更高）时植树与石砌防护失效，可采用以下防护措施。

（1）抛石：用于经常浸水且水深较大的路基边坡或坡脚以及挡土墙、护坡的基础防护。抛石一般多用于抢修工程。

（2）石笼：沿河路堤坡脚或河岸，当受水流冲刷和风浪侵袭且防护工程基础不易处理或沿河挡土墙、护坡基础局部冲刷深度过大时，可采用石笼防护。钢丝石笼：多用于抢修或临时工程，不得用于急流滚石河段，必要时对钢丝笼灌注小石子水泥混凝土。钢丝石笼一般可容许流速4~5m/s的水流冲刷。钢筋混凝土框架石笼：可用于急流滚石河段。

2.间接防护

（1）护坝：当沿河路基挡土墙、护坡的局部冲刷深度过大，深基础施工不便时，宜采用护坝防护基础。

（2）丁坝：适用于宽浅变迁河段，用以挑流或减低流速，减轻水流对河岸或路基的冲刷。

（3）顺坝：适用于河床断面较窄、基础地质条件较差的河岸或沿河路基的防护，调整流水曲线度和改善流态。

（4）改移河道：沿河路基受水流冲刷严重或防护工程艰巨以及路线在短距离内多次跨越弯曲河道时可改移河道。对主河槽改动频繁的变迁性河流或支流较多的河段不宜改河。

二、加固工程的功能与类型划分

（一）路基加固工程的功能与类型

路基加固工程的主要功能是支撑天然边坡或人工边坡以保持土体稳定或加强路基强度和稳定性以及防护边坡在水温变化条件下免遭破坏。按路基加固的不同部位分为：坡面防护加固、边坡支挡、湿弱地基加固三种类型。

1.坡面防护加固。路基防护中均有加固作用。

2.边坡支挡。包括路基边坡支挡和堤岸支挡。路基边坡支挡：护肩墙、护坡护面墙、护脚墙、挡土墙；堤岸支挡：驳岸、浸水墙、石笼、抛石、护坡、支垛护脚。

3.湿弱地基加固。碾压密实、排水固结、挤密化学固结、换填土。

（二）常用路基加固工程技术

1. 重力式挡土墙工程技术。重力式挡土墙依靠圬工墙体的自重抵抗墙后土体的侧向推力（土压力），以维持土体的稳定，是中国目前最常用的一种挡土墙形式，多用浆砌片（块）石砌筑。缺乏石料地区，可用混凝土预制块作为砌体，也可直接用混凝土浇筑，一般不配钢筋或只在局部范围配置少量钢筋。这种挡土墙形式简单、施工方便，可就地取材，适应性强，因而应用广泛。缺点是墙身截面大，圬工数量也大，在软弱地基上修建往往受到承载力的限制，墙高不宜过高。重力式挡土墙墙背形式可分为俯斜、仰斜、垂直、凸形折线（凸折式）和衡重式五种。

（1）仰斜墙背所受的土压力较小，用于路堑墙时，墙背与开挖面边坡较贴合，因而开挖量和回填量均较小，但墙后填土不易压实，不便施工。适用于路堑墙及墙趾处地面平坦的路肩墙或路堤墙。

（2）俯斜墙背所受土压力较大，其墙身截面较仰斜墙背的大，通常在地面横坡陡峻时，借助陡直的墙面，俯斜墙背可做成台阶形，以增加墙背与填土间的摩擦力。

（3）垂直墙背的特点，介于仰斜和俯斜墙背之间。

（4）凸折式墙背是由仰斜墙背演变而来，上部俯斜，下部仰斜，以减小上部截面尺寸，多用于路堑墙，也可用于路肩墙。

（5）衡重式墙背在上下墙间设有衡重台，利用衡重台上填土的重量使全墙重心后移，增加了墙身的稳定。因采用陡直的墙而且下墙采用仰斜墙背，因而可以减小墙身高度，减少开挖工作量。适用于山区地形陡峻处的路肩墙和路堤墙，也可用于路堑墙。由于衡重台以上有较大的容纳空间，上墙墙背加缓冲墙后，可作为拦截崩坠石之用。

2. 加筋土挡土墙工程技术。加筋土挡土墙是在土中加入拉筋，利用拉筋与土之间的摩擦作用，改善土体的变形条件和提高土体的工程特性，从而达到稳定土体的目的。加筋土挡土墙由填料、在填料中布置的拉筋以及墙面板三部分组成。一般应用于地形较为平坦且宽敞的填方路段上，在挖方路段或地形陡峭的山坡，由于不利于布置拉筋，一般不宜使用。

加筋土是柔性结构物，能够适应地基轻微的变形，填土引起的地基变形对加筋土挡土墙的稳定性影响比对其他结构物小，地基的处理也较简便；其是一种很好的抗震结构物；节约占地，造型美观；造价比较低，具有良好的经济效益。

加筋土挡土墙施工简便快速，并且节省劳力和缩短工期，一般包括下列工序：基槽（坑）开挖、地基处理、排水设施、基础浇（砌）筑、构件预制与安装、筋带铺设、填料填筑与压实、墙顶封闭等，其中现场墙面板拼装、筋带铺设、填料填筑与压实等工序是交叉进行的。

3. 锚杆挡土墙工程技术

（1）特点及使用条件：锚杆挡土墙是利用锚杆技术形成的一种挡土结构物。锚杆一端与工程结构物连接，另一端通过钻孔、插入锚杆、灌浆、养护等工序锚固在稳定的地层中，以承受土压力对结构物所施加的推力，从而利用锚杆与地层间的锚固力来维持结构物的稳定。

锚杆挡土墙的优点是结构重量轻，节约大量的圬工和节省工程投资；利于挡土墙的机械化、装配化施工，提高劳动生产率；少量开挖基坑，克服不良地基开挖的困难，利于施工安全。

锚杆挡土墙缺点是施工工艺要求较高，要有钻孔、灌浆等配套的专用机械设备且要耗用一定的钢材。

锚杆挡土墙适用于缺乏石料的地区和挖基困难的地段，一般用于岩质路堑路段，但其他具有锚固条件的路堑墙也可使用，还可应用于陡坡路堤。壁板式锚杆挡土墙多用于岩石边坡防护。

（2）锚杆挡土墙的类型：锚杆挡土墙由于锚固地层、施工方法、受力状态以及结构形式等的不同，有各种各样的形式。按墙面的结构形式可分为柱板式锚杆挡土墙和壁板式锚杆挡土墙：柱板式锚杆挡土墙是由挡土板、肋柱和锚杆组成，肋柱是挡土板的支座，锚杆是肋柱的支座，墙后的侧向土压力作用于挡土板上，并通过挡土板传给肋柱，再由肋柱传给锚杆，由锚杆与周围地层之间的锚固力，即锚杆抗拔力使之平衡，以维持墙身及墙后土体的稳定。壁板式锚杆挡土墙是由墙面板（壁面板）和锚杆组成，墙面板直接与锚杆连接，并以锚杆为支撑，土压力通过墙面板传给锚杆，后者则依靠锚杆与周围地层之间的锚固力（即抗拔力）抵抗土压力，以维持挡土墙的平衡与稳定。

锚杆挡土墙施工工序主要有基坑开挖、基础浇（砌）筑、锚杆制作、钻孔、锚杆安放与注浆锚固、肋柱和挡土板预制、肋柱安装、挡土板安装、墙后填料填筑与压实等。

三、路基防护与加固的原则

1. 路基的防护与加固工程可分为：边坡坡面防护，沿河、滨海路堤防护与加固，路基支挡工程三类。工程中应根据当地条件，选用经济合理、耐久适用的防护措施，以改善环境，保护生态平衡。

2. 工程施工前应进行现场核对，如发现设计与实地不符，应及时做补充调查，进行变更设计并报有关部门批准后施工。

3. 路基防护与加固工程施工应严格执行砌筑砌体的有关规定和质量标准，材料必须符合设计规定的强度、规格和其他品质要求；防护工程的砂浆、混凝土，应用机械拌和，并应随拌随用；回填土宜选用砂性土，严格控制含水量，分层填筑，充分压（夯）实；泄水孔、伸缩缝的位置要准确，孔正缝直，尺寸符合设计要求。

4. 在路基土石方施工时或完毕后，应及时进行路基防护施工和养护。各类防护与加固应在稳定的基础或坡体上施工，施工前必须检查验收，严禁对失稳的土体进行防护。

四、坡面防护与加固方法

坡面防护包括植物防护和工程防护，施工必须适时，以防止水、气温、风沙等的作用破坏边坡的坡面。

1. 植物防护一般采用铺草、种草或植灌木(树木)等形式,应根据当地气候、土质、含水量等因素,选用易于成活、便于养护和经济的植物种类。

(1)种草防护。适用于边坡稳定、坡面冲刷轻微的路堤与路堑边坡,一般应选用根系发达、茎干低矮、枝叶茂盛、生长力强、多年生长的草种,并尽量用几种草籽混种。草籽应均匀撒布在已清理好的土质坡面或人工铺筑厚 10~15cm 的种植土上。

(2)铺草皮防护。适用于边坡较陡、冲刷较严重、径流速度 >0.6m/s,附近草皮来源较易地区的路基,草皮品种与种草相仿。铺草皮前应将坡面整平,必要时加铺 6~10cm 厚的种植土层。铺砌形式有平铺、水平叠铺、垂直叠铺、斜交叠铺及网格式等,每块草皮钉 2~4 根竹木梢桩,使草皮与坡面紧贴固定。

(3)灌木(树木)防护适用于土边坡。在坡面上植树与铺草皮相结合,可使坡面形成一个良好的覆盖层,植树品种,以根系发达、枝叶茂盛、生长迅速的低矮灌木为主。

2. 工程防护适用于不宜于草木生长的陡坡面,一般采用抹面、捶面、喷浆、勾(灌)缝、坡面护墙等形式。在施工前,应将坡面杂质、浮土、松动石块及表层风化破碎岩体等清除干净;当有潜水露出时,应作引水或截流处理。

(1)抹面、捶面防护施工,应符合下列要求

1)抹面防护可采用水泥砂浆、水泥石灰砂浆或石灰煤渣混合砂浆等材料。抹面防护适用于易风化而表面平整、尚未剥落的岩石,如页岩、泥岩、千枚岩、泥炭岩等软质岩层边坡。抹面可以分片或满布,施工前岩体的表面要冲洗干净,抹面宜分两次进行,底层抹全厚的2/3,面层 1/3,面积较大时,每隔 5~10m 设缝宽 2cm 的伸缩缝一道,缝中用沥青麻丝或油毛毡填塞紧密,必要时坡顶设天沟,并用相同材料对沟壁进行抹面。

2)捶面防护材料为多合土。捶面防护适用于土质边坡,边坡土体的表面要平整、密实、湿润,捶面多合土的配合比应经试捶确定。经拍(捶)打后,多合土应与坡面紧贴,厚度均匀,表面光滑。

(2)喷浆、喷射混凝土(或带锚杆铁丝网)防护可承受土侧压力,防止坡面土侧滑,施工时应符合下列要求。

1)施工前,坡面如有较大裂缝、凹坑时,应先嵌补,使坡面平顺整齐;岩体表面要冲洗干净,土体表面要平整、密实、湿润。

2)打孔至稳定岩(土)层,锚杆孔冲洗干净,然后插入锚杆,并用水泥砂浆固定。

3)铁丝网应与锚杆连接牢固,均不得外露,并与坡面保持设计规定的间隙。

4)喷层厚度应均匀,喷后应养护 7~10d,喷层周边与未防护坡面的衔接处应做好封闭处理,并按有关规定留够试件。

(3)对岩体坡面进行勾缝、灌缝防护施工时,应先将缝内冲洗干净,并根据缝宽和缝深不同,分别按下列要求施工:岩体节理多而细者,宜用勾缝,砂浆应嵌入缝中,与岩体牢固结合;缝宽较大,宜用砂浆灌缝,插捣密实,灌满到缝口抹平,砂浆体积配合比(水泥:砂)可用 1:4

或 1∶5；缝宽而深，宜用混凝土灌缝，振捣密实，灌满至缝口抹平，混凝土体积配合比（水泥∶砂∶石子）可用 1∶3∶6 或 1∶4∶6。

（4）坡面护墙防护适用于严重风化破碎、容易产生碎落、塌方的岩石路堑边坡或易受冲刷、膨胀性较大的不良土质路堑边坡。坡面护墙是不能承受土侧压力的结构物，因此坡面应平顺密实，边坡必须稳定（不陡于 1∶0.5）。护面墙的形式有满实体式、窗孔式和拱式等三种。窗孔内可干砌片石、植草或插面，使用后两种，更能增加绿化景观和节省材料。

1）墙基应坚固可靠，基底强度不小于 300kPa，否则应适当采用加固措施。冰冻地基的墙基应埋置在冰冻线以下 25cm，若为软基，应采取加固措施或做成拱形跨越。

2）护面墙墙底一般做成向内倾斜的反坡，其倾斜度根据地基状态决定，土质地基取 0.1~0.2，岩石地基取 0.2。

3）为了增加护面墙的稳定性，在墙较高时，应分级修筑，视断面上基岩好坏，每 6~10m 高为一级，并设不小于 1m 宽的平台；墙背每 4~6m 高设一耳墙（错台），其宽 0.5~1.0m，墙背坡陡于 1∶0.5 时，耳墙宽 0.5m，墙背坡缓于 1∶0.5 时，耳墙宽 1.0m。

4）砌体石质坚硬，石块间必须顶密、错缝，严禁通缝、叠砌、贴砌和浮塞，砌体勾缝应牢固、美观。墙面及两端面砌筑平顺，墙背与坡面密贴结合，墙顶与边坡间缝隙应封严。

5）沿墙身长度每隔 10~15m 或修筑在不同岩层时，应设置 2cm 宽的伸缩（沉降）缝一道，用沥青麻（竹）丝填塞缝隙，深入 10~20cm。泄水孔一般为 6cm×6cm 或 10cm×10cm，在泄水孔后面，用碎石和砂做成反滤层。

3. 植物防护的标准、规模及检查项目等应按路基设计及环境保护设计规定执行。

4. 工程防护的标准应满足：符合施工要求，原始资料齐全；各种胶结材料和石料的强度均达到设计要求，并按现行规范、标准检查验收；喷层厚度检查。每 50m 长度内上、中、下部应各任意抽测一处，厚度均不应小于设计的 90%；砌体均为每 20m 检查三处。其中厚度不应小于设计规定值，顶面高程允许偏差 ±3cm，平面位置允许偏差 ±5cm；坡面平整度不大于 5cm。

五、路基冲刷防护方法

沿河、滨海路堤的防护与加固，可采用抛石、干砌或浆砌块（片）石、铺砌预制混凝土板、石笼、设置导流结构物和其他防护等方法。各种防护都必须加强基础处理和保证坡土质量，防止水流冲刷和淘空，保证路基稳定。

1. 抛石护坡可用于防护路基或河岸水下部分的边坡和坡脚，抛石大致成梯形石垛，石料尺寸宜为 30~50cm，总厚度约为石块尺寸的 3~4 倍，且不得小于 2 倍，抛石宜在低水位时进行。

2. 干砌块（片）石护坡可用于水流方向较平顺的河岸或一般路堤边坡，护坡可分单层或双层铺砌，厚度不宜小于 20cm，边坡不宜陡于 1∶2，选用的石料应符合质量标准，砌筑应垫层平整,嵌挤紧密,大面平顺,上下错缝。当采用河卵石时,必须长方向垂直于坡面,成横行栽砌牢固。

3. 浆砌块(片)石护坡可用于受主流冲刷的路堤边坡,砌石厚度宜为30~60cm,石料应符合质量标准,砌筑应垫层平整,砂浆饱满,无干靠、空洞和蚯蚓缝等现象。

4. 铺砌预制混凝土板时,应按设计规格和要求经检验合格后方可使用。当采用现浇筑混凝土板时,宜在混凝土中加入速凝剂,以提高早期强度,并注意在表面收浆时镘抹。

5. 当水流湍急且当地缺乏较大石料时,可制作框笼,内部填石滚入水中。加固堤岸石笼的制作方法和规格,各地可根据条件确定。

此外,在上述的防护与加固施工中,还需做到以下几点。

(1)开挖基坑时,应核对地质情况。基础底面必须放置在设计高程上,基础完成后应及时用水稳性材料回填,并做好施工原始记录。

(2)坡面密实、平整、稳定后,方可铺砌(包括垫层)。

(3)使用的砂浆或混凝土必须有配合比和强度试验,并按有关规定留够试件。石材强度应符合设计要求。

(4)坡岸砌体两端及顶部边坡与岩坡衔接应牢固、平顺、密贴,防止水进入坡岸背面。

(5)分段施工时,每隔10~15m宜设一道伸缩缝;基底土质变化处应设沉降缝,并做好伸缩沉降缝及泄水孔。泄水孔后面,应设置反滤层。

6. 为改变水流方向、调节水流速度,保护路基,一般采用顺坝和丁坝为导流构造物。

7. 防水林带防护。在沿河路基边坡外河滩上种植防水林带,能起到导流河水、防浪、减速、淤滩、固滩和达到防护河岸使路基稳固的作用。

8. 综合防护。以工程措施与植物防护相结合,因地制宜地综合治理。

六、支挡工程

1. 路基的支挡工程主要指各类挡土墙。施工前应做好场地临时排水,土质基坑应保持干燥,墙后填料应适时分层回填压实,浆砌或混凝土墙体待水泥混凝土强度达设计强度的70%以上时方可回填。填料宜优先选用沙砾或砂性土,严禁用有机质土、杂填土、冻土或过湿土,并应土质均匀,含水量适中。墙趾部分的基坑应及时回填压实,填土过程中,应防止水的侵害,回填结束后,顶部应及时封闭。

2. 砌体用的水泥、石灰、砂、石等要求质地均匀,水泥不失效,砂石洁净,石灰充分消解,水中不得含有对水泥、石灰有害的物质;石料强度不得低于设计要求,且不应小于300MPa,无裂缝,不易风化;河卵石无脱层、蜂窝,表面无青苔、泥土,厚度与大小相称;片石最小边长及中间厚度不小于15cm,宽度不超过厚度的2倍;块石形状大致正方,厚度不宜小于20cm,长、宽均不小于厚度,顶面与底面平整。用于镶面时,应打去锋棱凸角,表面凹陷部分不得超过2cm;砂浆强度不低于设计标号,拌和均匀、和易性适中。

3.混凝土挡土墙包括各种轻型结构和加筋土挡土墙,以及护墙、护肩、护脚等支挡工程,按设计要求及有关的规定施工。

七、路基边坡施工中易出现的问题及处理方法

1.土质路基产生沉陷,致使边坡变形或破坏

(1)主要原因

由于施工中填料选择不当、填筑方法不合理、压实不足或地基处理未达到要求等所致。

(2)处理方法

1)填料选择不当时,视情况采用换填、掺好料改善、做灰土桩等方法处理。

2)填筑方法不合理造成沉陷的,应进行检测,视检测结果,尽量采用1)中相应措施处理,否则应返工重做。

3)压实不足,应视检验情况重新用重型压路机进行补压,如分析检测结果认为补压不行,则应对压实度不足的压实层进行返工。

4)基底处理不当,造成承载力不足时,则应对地基进行加固处理或返工。

由于路基沉陷而导致边坡破坏的处理,关键是防止路堤沉陷,而加强路基排水并保持排水设施有效可靠,是防止发生沉陷的基本措施之一。若路堤铺筑后,有相当一段时间不铺筑路面,亦可待其自然沉落后,再视具体情况进行处理。

2.路基边坡塌方

路基边坡塌方按其破坏规模与原因的不同,可分为剥落、碎落、滑塌、崩塌、坍塌等多种形式。在施工过程中,出现这些问题,应认真进行分析,采取相应的措施予以处理。

(1)剥落、碎落

剥落是指边坡土层或风化岩层表面,在大气干湿或冷热的循环作用下,表面发生胀缩现象,使表层土或岩石呈片或带状从坡面上剥落下来,而且老的脱落后,新的又不断产生。

碎落是指坡面的岩石成碎块的一种剥落现象,其规模与危害程度比剥落严重。

处理方法:当设计文件中已有护坡设计时,应随着工程进展,及时进行护坡工程施工;若设计文件中没有护坡设计时,应视情况进行处理。

(2)滑塌、崩塌

滑塌是指路基边坡土体或岩石沿着一定的滑动面整体向下滑动,其规模与危害程度较碎落更为严重,有时滑动体可达数百方以上。

崩塌是指大的石块或土块脱离原有岩体或土体而沿边坡倾落下来,崩塌体的各部分相对位置在移动过程中完全打乱。

(3)坍塌(亦称堆坍)

坍塌是指由于土体(或土石混杂的堆物、松散地质层)遇水软化,整体性松散,而边坡坡度在45°~60°之间,且边坡无支撑的情况下产生的塌方。

（4）沿地质层面滑动

由于边坡中有许多地质构造层，且有些向路中线倾斜，这就可能造成沿地质层面的滑动。

第六节 路基排水设施施工

一、路基地下水排水设置与施工要求

（一）排水沟、暗沟

1. 设置。当地下水位较高，潜水层埋藏不深时，可采用排水沟或暗沟截流地下水及降低地下水位，沟底宜埋入不透水层内。沟壁最下一排渗水孔（或裂缝）的底部宜高出沟底不小于 0.2m。排水沟或暗沟设在路基旁侧时，宜沿路线方向布置，设在低洼地带或天然沟谷处时，宜顺山坡的沟谷走向布置。排水沟可兼排地表水，在寒冷地区不宜用于排除地下水。

2. 施工要求。排水沟或暗沟采用混凝土浇筑或浆砌片石砌筑时，应在沟壁与含水量地层接触面的高度处，设置一排或多排向沟中倾斜的渗水孔。沟壁外侧应填以粗粒透水材料或土工合成材料作反滤层。沿沟槽每隔 10~15m 或当沟槽通过软硬岩层分界处时应设置伸缩缝或沉降缝。

（二）渗沟

1. 设置。为降低地下水位或拦截地下水，可在地面以下设置渗沟。渗沟有填石渗沟管式渗沟和洞式渗沟三种形式，三种渗沟均应设置排水层（或管、洞）、反滤层和封闭层。

2. 施工要求

（1）填石渗沟的施工要求：填石渗沟通常为矩形或梯形，在渗沟的底部和中间用较大碎石或卵石（粒径 3~5cm）填筑，在碎石或卵石的两侧和上部，按一定比例分层（层厚约15cm），填较细颗粒的粒料（中砂、粗砂、砾石），做成反滤层，逐层的粒径比例，由下至上大致按 4∶1 递减。砂石料颗粒小于 0.15mm 的含量不应大于 5%。用土工合成材料包裹有孔的硬塑管时，管四周填以大于塑管孔径的等粒径碎、砾石，组成渗沟。顶部做封闭层，用双层反铺草皮或其他材料（如土工合成的防渗材料）铺成，并在其上夯填厚度不小于 0.5m 的黏土防水层。

（2）管式渗沟的施工要求：管式渗沟适用于地下水引水较长、流量较大的地区。当管式渗沟长度在 100~300m 时，其末端应设横向泄水管分段排除地下水。管式渗沟的泄水管可用陶瓷、混凝土、石棉、水泥或塑料等材料制成，管壁应设泄水孔，交错布置，间距不宜大于20cm。渗沟的高度应使填料的顶面高于原地下水位。沟底垫层材料一般采用干砌片石；如沟底深入到不透水层时宜采用浆砌片石、混凝土或土工合成的防水材料。

（3）洞式渗沟的施工要求：洞式渗沟适用于地下水流量较大的地段，洞壁宜采用浆砌片石砌筑洞顶应用盖板覆盖，盖板之间应留有空隙，使地下水流入洞内，洞式渗沟的高度要求同管式渗沟。

（三）渗井

1. 设置。当路基附近的地表水或浅层地下水无法排除，影响路基稳定时，可设置渗井，将地表水或地下水经渗井通过下透水层中的钻孔流入下层透水层中排除。

2. 施工要求。渗井直径 50~60cm，井内填置材料按层次在下层透水范围内填碎石或卵石，上层不透水层范围内填砂或砾石，填充料应采用筛洗过的不同粒径的材料，应层次分明，不得粗细材料混杂填塞，井壁和填充料之间应设反滤层。

渗井离路堤坡脚不应小于 10m，渗水井顶部四周（进口部除外）用黏土筑堤围护，井顶应加筑混凝土盖，严防渗井淤塞。

（四）检查井

1. 设置。为检查维修渗沟，宜每隔 30~50m 或在平面转折和坡度由陡变缓处设置检查井。

2. 施工要求。检查井一般采用圆形，内径不小于 1.0m，在井壁处的渗沟底应高出井底0.3~0.4m，井底铺一层厚 0.1~0.2m 的混凝土。井基如遇不良土质，应采取换填、夯实等措施。兼起渗井作用的检查井的井壁，应在含水层范围设置渗水孔和反滤层。深度大于 20m 的检查井，除设置检查梯外，还应设置安全设备。井口顶部应高出附近地面 0.3~0.5m，并设井盖。

二、路基地面排水设置与施工要求

（一）边沟

1. 设置。挖方地段和填土高度小于边沟深度的填方地段均应设置边沟。路堤靠山一侧的坡脚应设置不渗水的边沟。为了防止边沟漫溢或冲刷，在平原区和重丘山岭区，边沟应分段设置出水口，多雨地区梯形边沟每段长度不宜超过 300m，三角形边沟不宜超过 200m。

2. 施工要求。平曲线处边沟施工时，沟底纵坡应与曲线前后沟底纵坡平顺衔接，不允许曲线内侧有积水或外溢现象发生。曲线外侧边沟应适当加深，其增加值等于超高值。边沟的加固：土质地段当沟底纵坡大于 3% 时应采取加固措施；采用干砌片石对边沟进行铺砌时，应选用有平整面的片石，各砌缝要用小石子嵌紧；采用浆砌片石铺砌时，砌缝砂浆应饱满，沟身不漏水；若沟底采用抹面时，抹面应平整压光。

（二）截水沟

1. 设置。在无弃土堆的情况下，截水沟的边缘离开挖方路基坡顶的距离视土质而定，以不影响边坡稳定为原则。如系一般土质至少应离开 5m，对黄土地区不应小于 10m 并应进行防渗加固。截水沟挖出的土，可在路堑与截水沟之间修成土台并夯实，台顶应筑成 2% 倾向截水沟的横坡。

路基上方有弃土堆时，截水沟应离开弃土堆 1~5m，弃土堆坡脚离开路基挖方坡顶不应小于 10m，弃土堆顶部应设 2% 倾向截水沟的横坡。

山坡上路堤的截水沟离开路堤坡脚至少 2.0m，并用挖截水沟的土填在路堤与截水沟之间，修筑向沟倾斜坡度为 2% 的护坡道或土台，使路堤内侧地表水流入截水沟排出。

2. 施工要求。截水沟长度超过 500m 时应选择适当的地点设出水口，将水引至山坡侧的自然沟中或桥涵进水口，截水沟必须有牢靠的出水口，必要时须设置排水沟、跌水或急流槽。截水沟的出水口必须与其他排水设施平顺衔接。为防止水流下渗和冲刷，截水沟应进行严密的防渗和加固，地质不良地段和土质松软、透水性较大或裂隙较多的岩石路段，对沟底纵坡较大的土质截水沟及截水沟的出水口，均应采用加固措施防止渗漏和冲刷沟壁。

（三）排水沟

排水沟的施工应符合下列规定：排水沟的线形要求平顺，尽可能采用直线形，转弯处宜做成弧线，其半径不宜小于 10m，排水沟长度根据实际需要而定，通常不宜超过 500m；排水沟沿路线布设时，应离路基尽可能远一些，距路基坡脚不宜小于 3~4m。大于沟底、沟壁土的容许冲刷流速时，应采取边沟表面加固措施。

（四）跌水与急流槽

跌水与急流槽的施工应符合下列规定：跌水与急流槽必须用浆砌圬工结构，跌水的台阶高度可根据地形地质等条件决定，多级台阶的各级高度可以不同，其高度与长度之比应与原地面坡度相适应；急流槽的纵坡不宜超过 1∶1.5，同时应与天然地面坡度相配合，当急流槽较长时，槽底可用几个纵坡，一般是上段较陡，向下逐渐放缓；当急流槽很长时，应分段砌筑，每段不宜超过 10m，接头用防水材料填塞，密实无空隙；急流槽的砌筑应使自然水流与涵洞进、出口之间形成一个过渡段，基础应嵌入地面以下，基底要求砌筑抗滑平台并设置防护墙。

路堤边坡急流槽的修筑，应能为水流入排水沟提供一个顺畅通道，路缘石开口及流水进入路堤边坡急流槽的过渡段应连接圆顺。

（五）拦水缘石

拦水缘石的施工应符合下列规定：为避免高路堤边坡被路面水冲毁可在路肩上设拦水缘石，将水流拦截至挖方边沟或在适当地点设急流槽引离路基。与高路堤急流槽连接处应设喇叭口；拦水缘石必须按设计安置就位；设拦水缘石路段的路肩宜适当加固。

（六）蒸发池

蒸发池的施工应符合下列规定：用取土坑作蒸发池时与路基坡脚间的距离不应小于 5~10m。面积较大的蒸发池至路堤坡脚的距离不得小于 20m，坑内水面应低于路基边缘至少 0.6m；坑底部应做成两侧边缘向中部倾斜 0.5% 的横坡。取土坑出入口应与所连接的排水沟或排水通道平顺连接。当出口为天然沟谷时，应妥善导入沟谷内，不得形成漫流，必要时予以加固；蒸发池的容量不宜超过 200~300m³，蓄水深度不应大于 1.5~2.0m。池周围可用土埂围护，防止其他水流入池中；蒸发池的设置不应使附近地区泥沼化及影响当地环境卫生。

第七节 路基的整修维修与验收标准

一、路基整修施工技术要点

1. 路基工程基本完成后，必须进行全线的竣工测量，包括中线测量、横断面测量及高程测量等，以作为竣工验收的依据。

2. 当路基土石方工程基本完工时，应由施工单位会同施工监理人员，按设计文件要求检查路基中线、高程、宽度、边坡坡度和截、排水系统。根据检查结果编制整修计划，进行路基及排水系统整修。

3. 路基边坡应做到设计要求的边坡比。土质路基表面的整修，可用机械辅以人工切土或补土，并配合压路机械碾压。深路堑边坡整修应自上而下进行削坡整修，不得在边坡上以土贴补。石质路基坡面上的松石、危石应及时清除。

4. 边坡需要加固的地段，应预留加固位置和厚度，使完工后的坡面与设计边坡一致。当路堑或填方边坡受雨水冲刷形成小冲沟时，应将原边坡挖成台阶，分层填补，仔细夯实，再按设计坡面削坡。如填补的厚度很小（10~20cm），而又非边坡加固地段时，可用种草整修的方法，以种植土来填补，但应顺适、美观、牢靠。

5. 填土经压实后，不得有松散、软弹、翻浆及表面不平整现象。反之，则需重新处理。

6. 土质路基表面做到设计高程后宜用平地机刮平，石质路基表面应用石屑嵌缝紧密、平整，不得有坑槽和松石。

7. 边沟的整修应挂线进行。对各种水沟的纵坡（包括取土坑纵坡）应仔细检查，使沟底平整，排水畅通。凡不符合设计及规定要求的，应按规定整修。

截水沟、排水沟及边坡的断面、边坡坡度，应按设计要求办理。

二、路基维修施工技术要点

1. 路基工程完工后、路面未施工前及道路工程初验后至终验前，路基如有损毁，施工单位应负责维修，并保证路基排水设施完好，及时清除排水设施中淤积物、杂草等。对较长时间中途停工和暂时不做路面的路基，也应做好排水设施，复工前应对路基各分项工程予以修整。

2. 整修路基表面，应使其无坑槽，并保持规定的路拱。在路堤、雨水冲刷或其他原因发生裂缝沉陷时，应及时修补、加固或采取其他措施处理，并查明原因做出记录。遇路堑边坡坍方时，应及时清除。

3. 在未经加固的高路堤和路堑边坡或潮湿地区上的积雪应及时清除。

4. 当构造物有变形时，应详细查明原因，予以修复，并采取相应的稳定措施。

5. 路基工程完成后，当大雨、连日暴雨、积雪融化后，应控制施工机械和车辆在土质路基上通行。若不可避免时，应将碾压造成的坑槽中的积水及时排干，整平坑槽。

三、路基工程质量检查验收标准

1. 土质路基

（1）填土压实后，不得有松散、软弹、翻浆及表面不平整现象，路拱合适，排水良好。

（2）凡有影响路基质量及设计要求换土的路段，必须选点抽查，挖坑检验。坑深至 0.8m，如发现不合格，必须重新处理。

（3）各类沟槽的回填土不得含污泥、腐殖土及其他有害物质。

（4）土质路基的压实度必须满足要求，检验频率：每摊铺层每 1000m² 为一组，每组至少为三点，必要时可根据需要加密。检验方法可用环刀法或灌砂法。

2. 石质路基

（1）石方路堑的开挖宜采用光面爆破法。爆破后应及时清理险石、松石，确保边坡安全、稳定。

（2）修筑填石路堤时，应进行地表清理，逐层水平填筑石块，摆放平稳，码砌边部。

填筑层厚度及石块尺寸应符合设计和规范规定。上、下路床填料和石料最大尺寸应符合规范规定。采用振动压路机分层碾压，压至填筑层顶面石块稳定，20t 以上压路机振压两遍无明显标高差异，经重型压路机或振动压路机分层碾压，表面不得有波浪、松动等现象

（3）路基表面应整修平整。

3. 路床

土石路床必须用 12~15t 压路机碾压检验，其轨迹不得大于 5mm；石质路床必须嵌缝紧密，不得有坑槽和松石；土质路床不得有翻浆、软弹、起皮、波浪、积水等现象。

4. 边坡和边沟

土质边坡必须平整、坚实、稳定，严禁贴坡；边沟上口线应整齐直顺，沟底平整，排水畅通。

5. 附属结构物

砌体的砂浆必须配比准确，填筑饱满密实；灰缝整齐均匀，缝宽符合要求，勾缝不得空鼓脱落；应分层砌筑，层间咬合紧密，必须错缝；沉降缝必须直顺，上下贯通；预埋构件、泄水孔、反滤层、防水设施等必须符合设计要求；干砌石块不得松动、叠砌和浮塞。

第 三 章　桥梁基础施工

第一节　概述

　　桥梁基础是桥梁结构物直接与地基接触的部分,是桥梁下部结构的重要组成部分。承受基础传来的荷载的那一部分地层(岩层或土层)则称为地基,地基与基础受到各种荷载后,其本身将产生附加的应力和变形。为了保证桥梁的正常使用和安全,地基和基础必须具有足够的强度和稳定性,变形也应在容许范围之内。根据地基土的上层变化情况、上部结构的要求荷载特点和施工技术水平,桥梁基础可采用各种类型。桥梁基础根据埋置深度分浅置基础和深置基础两类,它们的施工方法不同,设计计算原理也不同。浅置基础是在桥台或桥墩下直接修建的埋深较浅的基础(一般小于 5m)。如若浅层土质不良,则需把基础埋置于较深的良好地层上,这样的基础称为深基础(一般埋置深度大于 5m)。基础埋置在土层内深度虽较浅,但在水下部分较深,如深水中的桥墩基础,称为深水基础。浅置基础最简单经济,也最常用。当需要设置深基础时,则常采用桩基础或沉井基础,特殊桥位也可能采用其他大型基础或组合形式。

　　确定基础类型方案主要取决于地质土层的工程性质与水文地质条件、荷载特性、桥梁结构形式及其使用要求,以及材料的供应和施工技术等因素。方案选择的原则是:力争做到使用上安全可靠、施工技术上简便可行经济上合理。因此,必要时应作不同方案的比较,从中得出较为适宜与合理的设计方案及其相应的施工方案。众多工程实例表明,桥梁的地基与基础的设计及施工质量的好坏,是关系到整座桥梁质量的根本问题。因为基础工程是隐蔽工程,如有缺陷,较难发现,也较难弥补或修复,而这些缺陷往往直接影响整座桥梁的使用甚至安危。基础工程施工的进度,经常控制全桥的施工进度,下部工程的造价通常占全桥造价相当大的比重,尤其在复杂地质条件下或深水处修筑基础,更是如此。因此,从事这项工作必须做到精心设计、精心施工,确保万无一失。

　　桥梁是一个整体结构,上、下部结构和地基是共同工作、相互影响的。地基的任何变形都必然引起上、下部结构的相应位移,上、下部结构的力学特征也必然关系到地基的强度和稳定条件。所以,桥梁基础的设计、施工都应紧密结合桥梁结构的特点和要求,全面分析综合考虑。

第二节　桥梁基础施工

桩是竖直或微倾斜的基础构件,它的截面尺寸比长度小得多。桩被设置在土中,把作用于上部结构的荷载和力传递给地基土。桩的长度与设置方法,以及桩的工作方式,都可以有很大变化;因此桩很容易适应于不同的情况和要求。桩基础是桥梁基础中的常用形式。

桩和桩基础的类型及特点如下。

桩基础绝大多数采用钢筋混凝土桩,个别情况用木桩或钢桩等。桩的种类繁多,分类方法很多,常见的有如下几种。

1.按材料分类

钢筋混凝土桩;预应力钢筋混凝土柱;高强度混凝土桩;钢管混凝土桩;钢桩;木桩;板桩。

2.按受力条件分类

按桩与周围上的作用性质可分为摩擦桩与柱桩。

3.按施工方法分类

(1)钻(挖)孔灌注桩:机械挖土成孔的全套筒桩;反循环钻孔桩;抓钻成孔桩;人工挖土桩;换土桩。

(2)打入桩、振动下沉桩及管柱基础:预应力混凝土桩;钢管桩;高强度混凝土桩(高压蒸气养护桩);钢筋混凝土桩;混凝土桩,木桩。

其他桩基础:网状基础。

二、桩与桩基

1.单桩与桩群

单桩有时也作为独立的基础,但一般是由两根或两根以上的桩组成桩群支撑桩顶的承台作桥梁基础,桩与承台联结时必须牢固可靠。

2.承台

分低桩承台和高桩承台。

(1)低桩承台底面位于局部冲刷线以下,埋置深度符合规定要求,不承受水平力(被周围土压力抵消),仅承受轴向压力,无水平位移产生。

(2)高桩承台底面位于局部冲刷线以上,埋置深度小于规定要求,不仅承受轴向力,还承受弯矩和水平剪力,常发生水平位移,这对设置斜桩及稳定有利。

3.基桩的排列主要有行列式和梅花式,在立面有竖直桩和斜桩。采用行列式时施工方便;梅花式可用于承台面积小,桩基根数多时,但施工不如行列式方便。

三、钻（挖）孔灌注桩基础的施工

钻（挖）孔灌注桩施工包括用人工开挖或机械钻（挖）成孔,就地灌注混凝土或钢筋混凝土,使之成桩而构成桥梁基础。

（一）挖孔灌注桩的施工

1. 挖孔桩的施工条件

挖孔桩适用于无水或少水的各种土层,地表陡峻土中多漂石,块石的山区地带。挖孔桩基础施工具有开挖机具简单,不受地形限制,适应性强、形状、孔径和设备不受限制,容易保证质量,施工进度快,劳力耗费少,造价低等特点。但其作业面小,桩不宜过长,竖井不宜挖得过深,方桩的边长或圆柱形桩孔径不宜小于1.4m,孔深不能大于15m。

2. 开挖桩孔

开挖前,应整平桩位附近的地面、清除杂物、换填软土、夯打密实、在四周设置临时防护。若桩位于浅水区,可采用围堰开挖,并在孔周挖排水沟,搭雨棚提升设备,布置出渣道路,即将弃渣地点设在距桩孔10m以外,以免坍塌,堵塞孔道。

挖孔应根据桩位处地质、水文、土质条件安全可靠,快速等原则因地制宜地进行。开挖顺序一般由土质及桩孔布置决定,不能在相邻两孔同时开挖,以免因间隔壁薄和支承力不足造成塌孔。在一墩有四孔时,应对角或间隔开挖,若桩孔间隔较大,土质较好也可同时开挖。作业工具可用铲、镐、锹等,若遇到顽石时,可使用爆破手段。孔壁支护可采取预制或现浇混凝土、小井圈及安装木框架、竹篱、柳条、荆笆等方法。框架护壁适用于孔壁基本稳定,局部坍落不严的桩孔,它比较方便,可随挖随支,使施工有连续性;混凝土护壁可用于各种地层,强度高,安全性好,特别是喷射混凝土支护更具有特色处,这种护壁不需拆除而成为基础的一部分;预制钢筋混凝土圆筒支护适用于圆形基础,防止孔壁坍落的效果高,但与孔壁联结不牢,不易顺利下沉,也难保证位置正确,灌注基础时又难取出,若改用就地灌注混凝土圆筒支护,则能避免以上弱点,但进度慢,开挖与支护不能同时进行。

挖孔桩时应注意以下事宜。

（1）严格控制桩孔净空尺寸和平面位置,孔中线误差不能大于桩长15%,截面尺寸应符合设计要求。

（2）做好排水防水工作,阻止水在井壁浸流,造成塌孔。

（3）摩擦桩的支撑不能采用无法拆除的木框架,对在截面上出现拉应力的混凝土护壁,不能作为桩的部分,其标号不能低于桩身混凝土。

（4）要注意施工安全,孔内应有照明,提取土渣的机具,操作人员应戴安全帽,系安全绳,井口围护要高出地面0.2~0.3m;要防止土石等杂物掉入孔内伤人;施工暂停时,要罩盖孔口,桩深超过10m时,应有通风设备以防CO_2浓度过大,引起井下工人中毒。

（5）孔内爆破要用电力引爆,采用多次浅眼爆炸时应严格控制装药量,爆破前井内人员要撤至安全地带,爆破后应先通风排烟,经检查无毒后,才可进入孔内除渣。

(6)桩孔开挖及支护应连续作业,不宜中途停顿,以防坍孔。

3.灌注桩身

终孔后应立即对桩孔的净空尺寸,孔底地质情况进行检查,符合设计要求时,则可清洗孔底,放出桩轴线,灌注桩身。孔桩的配筋,可在孔内绑扎或孔外预扎,灌注用混凝土坍落度一般为 7~9cm,若用导管灌注时,可让混凝土从管中自由坠落,导管应对准桩心,孔底水深不得超过 5cm,灌注速度要快,使混凝土对孔壁压力尽快地大于渗水处的水压力,并要求一次连续灌完。在干燥无水或少水处,可采用一般灌筑的方法,可让混凝土沿串筒或导管流下。若桩孔底渗水量上升速度大于 6mm/h,水难以排除,可采用水中灌注方法。当灌注至桩顶后,应将离析的拌合物和水泥浮浆清除干净。灌注时切忌拆除孔壁支护。若地质条件允许,可采用可拆式钢护筒(或钢筋混凝土护筒),在灌注和拆筒过程中,应始终使混凝土面比护筒底端最少高出 1.5~2.0m。

(二)钻孔机具

钻孔机具主要有旋转钻机,冲击钻机和冲抓钻机三类,它们主要由钻头、抽渣筒、钻架及升降钻进工具组成,并通过护筒用卷筒的齿轮驱动钻机成孔。

1.旋转式钻机

旋转式钻机适用于冲击层较厚的黏性土、砂性土、砂卵石等土层,还可钻进软岩或风化岩层,钻孔直径可达 1.5m。根据成孔时泥浆循环程序分为正循环和反循环钻机。

泵和钻具等组成。转盘上设有驱动钻杆的回转机构,钻头(钻具)用于正循环钻机的有回转式刺猬钻头,圆柱式和鱼尾、笼式、三翼式钻头等。

2.冲击式钻机

冲击式钻机适用于各种土壤:黏砂土、砂黏土、砂砾和岩层。特别是对漂卵石和基岩钻孔比其他型号钻机效果更好。

3.冲抓式钻机

冲抓式钻机适用于黏性土,砂黏土类碎石(夹粒径 50~100mm),含量在 40% 以内的卵石,软松而无地下水的地层不宜在大漂石和基岩中钻孔。它主要由冲抓锥,钻架,起吊设备等组成。冲抓锥由锥身及锥瓣两部分组成;钻架可用木料或型钢加工制造;起吊设备主要是卷扬机,其牵引力要大于锥头及渣的总重量。

4.人力推钻

人力推钻适用于软土、软塑或硬塑的黏土,砂性土(粉砂到粗砂),砂砾和砂卵石等地层。可用简易的旋转钻头配置必要的钻架,钻杆,卷扬机和其他辅助设备作业。钻架用木或钢制,有三脚扒杆、三脚架和四脚架等;钻头有土锥、大锅卵石锥、螺旋锥等形式,土锥适用于松散土层,这是一种提升锥头,锥身一般用 3mm 厚的钢板制作,支架为钢筋,同大锅卵石锥一样顶部有很小的扩孔力,锥底很短,且带锥尖,钻孔时,被切削的土块砂石进入钻头腹腔内,当装满后即暂停,提出钻头,打开底部清除钻渣后继续钻进;螺旋锥的作用是把紧密的卵石层搅松,将卵石挤进孔壁,它一般与大锥钻头配合使用,可用圆钢制作。

(三)钻孔桩施工工艺

1. 基本情况

销孔桩工艺适用性强,不受地质条件限制,能在松软地层和地下水严重发育地区施工,钻孔深度可达100m以上。按力学性能可分为摩擦桩和柱桩,按承台位置可分为高桩和低桩承台;按施工方法有冲击成孔、旋转成孔和冲抓成孔桩等。桩孔大都采用圆形,孔径大小根据钻头尺寸确定,常比钻头直径大10~15cm。终孔后一般灌注水下混凝土成桩。

2. 钻孔的准备工作

钻孔前应做好布置场地,桩位测量,埋设护筒,安装钻机,准备和回收泥浆等项工作。

(1)布置钻孔场地浅水区可采用筑岛法钻孔;深水区,可搭设工作平台钻孔,平台应能牢固地支承钻机操作和方便进入和撤出。若水流平稳,钻机可在船上作业;若流速较大,河床可整理平顺时,则用钢筋混凝土薄壁围堰或沉井浮运就位灌水下沉落床,在堰内安护筒钻孔。场地布置应对施工用水泥浆供应、排防水、动力供应、桩身灌注、钢筋骨架的绑扎和吊运等作统一安排。

(2)埋设护筒。埋设方法由桩位处的地质和水文情况决定。在旱地,浅水和深水处可分别用挖埋法,筑岛法,平台沉入法等。埋设护筒的目的是固定桩位,保护桩孔口不坍塌;隔离地面水,保持孔内水位高出施工水位;维护孔壁及钻孔导向等。护筒按结构形式可分为拼合式和整节式;按材料又可分为钢护筒、木护筒和钢筋混凝土护筒。木护筒一般厚3~5cm、重量轻、使用方便、易损坏,不宜在深水中作业;钢护筒厚约2~4mm,拼装和接长方便,适应性强,可多次使用;护筒应坚实,不漏水,能多次使用,内径应比桩孔直径大;应比机动冲击,冲抓和旋转钻的内径大约20~30cm其高根据地质、地下水位和施工水位而定。旱地护筒应高出地面约30cm;桩口处于水上,地质良好不易坍孔时,可高出施工水位1.0~1.5m;桩口处于水上,地质不良,容易坍孔时,可高出1.5~2.0m;当钻孔内有承压水时,护筒应高出稳定水位1.5~2.0m;有潮水涨落时,应高出最高潮水位1.0~1.5m。旱地或浅水区埋设护筒时,底部应埋入天然地基土层内,与四周接触一定范围内,应夯填黏土,防止漏水。若旱地土质紧密防漏,护筒可用挖埋法安设;浅水中用筑岛法埋设;在深水或河床松软覆盖土较厚处沉入的护筒,应先设导向设备定位,护筒吊起后沿导向设备下沉,并配合压重、射水、振动、抓泥或锤击等。底端沉到较坚实地层(或基桩施工)时,应沉至局部冲刷线以下,且不能小于0.5~1.0m,以防底端穿孔向外漏水、漏泥浆或由护筒外向孔内翻砂,而导致底脚悬空坍孔,此外,还应防止:混凝土由底端向外漏失。

(3)泥浆工作。泥浆的作用是在钻孔时悬浮钻渣、加固孔壁、防止坍孔、起护壁作用。此外,还可以冷却钻头,防止钻头冲击时因摩擦产生高温而变形。泥浆用黏土制作,黏土应经严格挑选,不得含砂、石、石膏等杂物。优质的黏土干块、碎块放入水中不分解而只膨胀,用刀切开时应呈光滑、明亮的表面。亚黏土的塑性不得小于15%，大于0.1mm的颗粒不得超过6%。泥浆可用搅拌机或其他简易方法加水制作，并应尽快灌注到孔底。旋转钻孔泥浆需要量大，如在漂卵石地层中钻孔1m³约需黏土500~700kg，因此应设法回收泥浆重复使用，这需准备泥浆槽，沉淀池等设施，以供净化后循环使用。泥浆槽的长度不应小于15m，槽底坡度不得大于1%；沉淀池的容积在使用反循环钻机时（包括供水池容积），约为钻机体积的1.2~2.0倍；使用正循环钻机时，约为钻机体积的1/3~1/2。水中钻孔时，可将池和槽设在船上。泥浆泵的规格可由钻杆内径、钻孔直径和深度、悬浮钻渣所需最小上升流速等因素，经计算泵压和流量后决定。回收时，由孔内抽出的泥浆通过槽流入池、经一定时间沉淀和净化后，将表层黏土再制泥浆，或者是在孔口安接渣盘，抽出的浆硫混合物倒入盘内经槽流入沉渣桶。为了加快浆渣流动，可在接渣盘出口处安上供水管，浆渣在沉渣桶停留后大部分沉淀下来，流动部分经过4×4mm孔眼的拦渣网进入坡度约为3.5%的回浆槽，又将部分钻渣沉淀于该槽内，最后由回贮浆槽流回桩孔内。回浆槽出口处有一道10~12cm高的挡砂板，可拦阻一些砂粒，因此回到孔内的泥浆足以保证质量。调制钻孔及经循环净化的泥浆，根据钻孔方法与土层情况采用不同的性能指标。

（4）安装钻机。安装前应对钻架和各种钻具进行检查与维修：利用自身的动力移动就位，可用千斤顶逐步移位来校正钻机中心与桩位中心。底座和顶端应平稳，不允许产生位移和偏沉，一般可用枕木垫平塞紧；桅杆螺丝要拧紧并用对称的浪风绳将钻架固定。旋转钻机顶部的起重槽缘，固定钻杆的卡孔和护筒中心应处于一根竖直线上，以保证钻进的竖直度；冲击、冲抓钻架顶部滑轮边缘的铅垂线应对准桩孔中心，其偏差不得大于2cm。

（四）钻孔事故及处理方法

钻孔时常会因操作不当、机械磨损以及意外的因素而导致一些问题和事故，轻者影响施工进度，重者造成机械损坏人员伤亡。对钻孔中的事故应立即处理。一般以预防为主，处理为辅。

1.预防措施

应根据施工条件和方法制定必要的技术措施，例如应有严格的作业规程等。注意钻进中每一微细环节，发现问题苗头应及时做出相应的处理，杜绝事故发生。在冲击钻孔时，应控制冲击速度和冲程。要做好交接班和停钻工作。停钻时应盖好井口，以免掉钻；应做好各种钻具的稳定工作；在施工中要始终贯彻勤检查、勤出渣、多分析、做好记录等工作。

检查的主要内容包括：钻头升降时大绳是否可靠、夹具是否松动，安全套是否传动失灵；钻杆和吊杆上是否有裂纹，钻头直径是否符合规格尺寸；钻机是否有位移和偏沉；钻机是否有故障；孔径、孔形尺寸是否符合设计要求等。

2.坍孔的处理

坍孔包括孔口坍塌、护筒倾斜、沉陷、钻孔深度突然变浅，水位下落等现象。其产生的原因主要有：操作不当，冲击、冲抓锥头和抽渣筒倾倒，碰撞孔壁，大绳太松，钻头摆动损坏孔壁;护筒埋设不合要求(如高度不够),回填的质量差;泥浆稠度不够,比重小,不能形成坚硬的护壁;泥浆水位高度不够;对孔壁压力小;在向孔内加水时,因流速过大直接冲刷孔壁,造成冲击压力大于其极限强度;在松软土层的钻速太快;孔口排水差或因无接渣盘,抽出的浆渣四处漫流,使孔周的土壤处于饱和状态;孔壁暴露过久或清孔时风量太大,延续时间过久等。坍孔的处理办法如下:若护筒倾斜或下沉造成坍口,可用草袋或黏土回填阻止其继续发展,待沉淀密实后,重新埋设护筒钻孔。若孔内水位不稳,水中含细水泡,钻头达不到应有的深度,可用黏土或黏土渗石子,片石分层回填至坍孔处以上 0.5m 后再重钻。若坍孔不严重,可加大泥浆比重继续钻进或将桩孔回填到坍孔位置以上后再钻进。若坍孔严重而影响钻机稳定,可用钢护筒沉至未坍处以上 1m 处,周围用草袋装土填塞,固定护筒上端防止其偏斜下沉,护筒随钻进逐节加长(即用小沉井方式处理)。

3. 漏水漏浆的处理

孔内漏水漏浆时则不能保持孔内外水位差和孔内水头压力。漏水漏浆若是护筒造成时,可堵住漏处,并用黏土将周围夯实加固;若很严重或因埋设不妥造成时,则应重新埋设;若是孔壁松散,泥浆护壁较差造成时,应在孔内重新回填黏土,待沉淀密实一段时间后,再重新加强泥浆护壁,继续钻进。

4. 不规则孔形的处理

因操作不当,如大绳、钻杆在护筒内水面的位置偏移中心时,会出现不规则孔形,使桩孔在尺寸上达不到设计要求。若问题不严重时,可重新调整钻头和卡杆孔、继续钻进。若问题严重,应回填孔道重新钻孔。

(1)弯孔与斜孔钻孔若碰到倾斜不平的岩层或软硬不均地层时,用大冲程猛冲或因缆风绳松紧不一致,钻机不稳,产生位移和不均匀下沉。钻架安装不正,护筒埋置不合理等会产生弯孔和斜孔。一般可用片石回填至不规则孔段以上 0.5~1.0m 后,再小冲程钻进。若因基岩倾斜而发生的弯孔,可用混凝土把弯孔填平,待其凝固到一定强度后再钻;若因钻机位移、偏斜下沉而弯孔,则应调正钻机后回填重钻。

(2)扩孔和缩孔为孔径不规则地大于或小于孔桩直径的不良现象。扩孔是孔壁部分坍塌未做处理造成的,极易在堆积层、漂卵石层、块石层、卵石层中发现;缩孔是因钻头磨损和地层挤压造成的。处理此类孔形,一般应回填后重钻。扩孔要按坍口处理,缩孔要补焊钻头。若因地层挤压造成的,应及时调整钻进速度和泥浆稠度。操作时轻打稳打,勤松大绳,采用适当的冲程。

(3)梅花孔与探头石梅花孔是钻头不适应地层的情况下冲打过甚,转向失灵;泥浆太稠而妨碍钻头转动、冲程太小、钻头得不到充分转动和大绳太松等原因造成的。探头石是在非均匀地层钻进时,孔壁出现的大直径卵石。一部分突出伸入孔径,另一部分埋在孔壁土层内。此时容易造成斜孔和卡钻。可用高于基岩和探头石强度的片石(或碎石)回填桩孔重钻等办法处理。

5.卡钻和掉钻的处理

（1）卡钻。钻头被孔壁卡住不能提动。有两种情况，一种是钻头卡在距孔底一定距离处，提不上来，钻不下去，有时向下并有一定的活动余地，如梅花孔和探头石引起的卡钻，此为上卡。卡钻的原因很多，其与钻头直径磨损和具体地质土层有关。造成的主要原因如下：在未经处理的不规则孔形中继续钻孔，坍孔落下的石头或因失误掉进孔内的大工具卡住；埋设过深的钢护筒倾斜，其下端被冲击变形；更换钻头尺寸产生差异，补焊钻头的尺寸过大；下钻太猛，大绳太长，使钻头的倾斜长伸入孔壁或孔底；放绳太长或简易钻架承受大冲程。处理卡钻常有如下措施：上下提动钻头，使之旋转，用撬棍配合左右摇晃，反复拨动大绳，使钻头能离开冲击、冲抓或旋转轨道，然后提出；用小钻头冲击，提升钻头的障碍物，使之破碎或挤入孔壁。或用冲击厚锥使钻头松动后再吊起。

（2）掉钻。因钢绳（或联结装置）和钻杆磨损来不及更换造成的。在钻进中若发现缓冲弹簧突然不伸缩，大绳松弛等现象时，则表明钻头已落入孔中。掉钻后应及时了解情况，查明原因，采取措施防止泥浆、钻渣及坍孔埋钻，并立即用工具和捞叉、捞钩、打捞绳套等打捞。

（3）埋钻。落于孔内不及时打捞而被泥浆，钻渣或坍孔泥沙埋住的钻头。可在孔内压入稠度大（比重大）的泥浆冲刷并悬浮埋钻的泥浆与钻渣，然后提出钻头。或用特制的钻具套钻，将埋钻的砂子钻掉，并在套钻同时压入稠度大的泥浆使之悬浮钻渣，套至被埋入的钻头顶部后将其提起。若钻头被坍孔泥沙埋住，则应先清除泥沙，后用工具打捞埋钻。

（4）钻杆折断。钻杆在操作时，因碰撞会使钻头随断杆掉至孔内。

四、明挖基础施工

天然地基上浅基础施工又称为明挖法施工，一般分为陆地基坑开挖和水上基坑开挖两种。

1.基坑围堰

在水中修筑基础工程必须防止地表水和地下水的渗透和浸湿，常用的防水措施是围堰法。围堰是一种临时性的挡水结构物，其方法是在基坑开挖之前，在基础范围的四周修筑一个封闭的挡水堤坝，将水挡住，然后排除堰内水，使基坑的开挖在无水或很少水的情况下进行。待工作结束后，即可拆除。

（1）围堰的一般要求：堰顶应高出施工期间可能出现的最高水位 0.5~0.7m；围堰的外形应与基础的轮廓线及水流状况相适应；围堰要坚固、稳定，防水严密，较少渗漏。

（2）常用围堰的形式和施工要求：围堰主要有土围堰、草（麻）袋围堰、木（竹）笼围堰、卵石围堰、木板桩围堰、钢板桩围堰、钢筋混凝土板桩围堰、套箱围堰等形式。

1）土围堰

土围堰适用于水深小于 1.5m，流速低于 0.5m/s 的渗透性较小的河床上。一般采用松散的黏性土作填料。如果当地无黏性土，也可采用河滩细砂和中砂填筑，这时最好设黏土心墙，以减少渗水现象。筑堰前,应将河底杂物淤泥等清除,先从上游开始,并填筑出水面,逐步填至下游合拢。水面以上的填土应分层夯实。

2)土袋围堰

土袋围堰适用于水深 3.0m 以下,流速小 1.5m/s 的透水性较小的河床,堰底处理及填筑方向与土围堰相同。土袋内应装袋容量 1/3~1/2 松散的黏土或亚黏土。土袋可采用草包、麻袋或尼龙编织袋。叠砌土袋时,要求上下、内外相互错缝,堆码整齐。

3)钢板桩围堰

钢板桩围堰适用水流较深、流速较大的河床。

插打钢板桩时必须备有可靠的导向设备,以保证钢板桩的垂直沉入。一般先将全部钢板桩逐根或逐组插打到稳定深度,然后依次打入至设计深度。插打的顺序按施工组织设计进行,一般自上游分两头插向下游合拢。插打前在锁口内涂以黄油、锯末等混合物,组拼桩时,用油灰和棉花捻缝,以防漏水。钢板桩顶达到设计高程时的平面位置偏差,在水上打桩时不得大于 20cm,在陆地打桩时不得大于 10cm。在插打过程中,应随时检查其平面位置是否正确、桩身是否垂直,发现倾斜时应立即纠正或拔起重插。

当水深较大时,常用围囹(以钢或钢木构成的框架)作为钢板桩的定位和支撑。即先在岸上或驳船上拼装围囹,运至墩位定位后,在围囹内插打定位桩,把围囹固定在定位桩上,然后在围囹四周的导框内插打钢板桩。

2. 基坑排水

主要有集水坑排水和井点排水两种方法。

3. 基坑开挖

有加固坑壁的开挖和不加固坑壁的开挖(放坡法)两种方法。

4. 基底检验与处理

当基坑开挖至设计基底高程时,应由设计、地质勘查部门和施工单位人员,共同对基槽的位置、尺寸、地质、承载力等进行检验。

(1)基底检验内容

检查基底的平面位置、尺寸和高程是否符合设计要求;检查基底土质的均匀性、稳定性及承载力等;对特别复杂的地质条件应进行载荷试验;对大、中型桥,采用触探和钻探取样作土工试验;检查开挖基坑和基底处理施工过程中有关施工记录和试验等资料。

(2)基底处理

1)岩石:清除风化层、松碎石块及泥污等,如岩层倾斜度大于 15°时,应挖成台阶状,使承重面与受力方向垂直,砌筑前应将岩石表面冲洗干净。

2)沙砾层:整平夯实,砌筑前铺一层 2cm 厚的浓稠水泥砂浆。

3)黏土层:铲平坑底,尽量不扰动土的天然结构;不得用回填土的办法来平整基坑,必要时,加铺一层厚 10cm 的碎石层,层面不得高出基底设计标高。

4)软硬不均匀地层:如半边为岩石、半边为土质时,应将土质部分挖除,使基底全部落在岩石上。如经挖除后其岩层斜度大于15°时,应挖成台阶。

5)溶洞:暴露的溶洞,应用浆砌片石或混凝土填灌堵满,如处理有困难或溶洞仍继续发展时,应考虑改移墩台位置或桥址。

6)泉眼:为了不让泉水浸泡或冲洗圬工,应将泉眼堵塞,如无法堵塞时,应将泉水引走,使泉水与圬工隔离开,待圬工达到一定强度后,方能让泉水泡浸圬工。

5.基础浇(砌)筑

基础浇(砌)筑施工可分为无水砌筑、排水浇筑及水下灌注三种情况。

排水浇(砌)筑的施工要点是:确保在无水状态下砌筑施工;禁止带水作业及用混凝土将水赶出模板外的灌注方法;基础边缘部分应严密隔水;水下部分圬工必须待水泥砂浆或混凝土终凝后才允许浸水。

水下灌注混凝土一般只有在排水困难时采用。目前,在桥梁基础施工中广泛采用的是垂直移动导管法。混凝土经导管输送至坑底,并迅速将导管下端埋没,随后混凝土不断输送到被埋没的导管下端,从而迫使先前输送的但尚未凝结的混凝土向上和四周推移。随着基底混凝土的上升,导管亦缓慢向上提升,直至达到要求的封底厚度时,停止灌注混凝土,并拔出导管。当封底面积较大时,易用多根导管同时或逐根灌注,按先低处后高处、先周围后中部的次序,并保持大致相同的高度进行,以保证混凝土充满基底全部范围。导管的根数及在平面上的布置,可根据封底面积、障碍物情况、导管作用半径等因素确定。导管的有效作用半径则因混凝土的坍落度大小和导管下口超压力大小而异。

6.基坑回填

基坑回填时,其结构的混凝土强度应不低于设计强度的70%;在覆土线以下的结构必须通过隐蔽工程验收;填土前抽除基坑内积水,清除淤泥及杂物等;凡淤泥、腐殖土、有机物质超过5%的垃圾土、冻土或大石块不得回填,应采用含水量适中的同类亚黏土或砂质黏土;填土应水平分层回填夯实,每层松铺厚度一般为30cm,在其含水量接近最佳含水量时压实;填土经碾压、夯实后不得有翻浆、"弹簧"现象;填土施工中,应随时检查土的含水量和密实度。

五、桩基础施工

绝大多数桩基础采用钢筋混凝土桩,个别采用木桩或钢桩等。桩的种类繁多,按照建造材料的不同,桩可分为:钢筋混凝土桩、预应力钢筋混凝土桩、高强度混凝土桩、钢管混凝土桩、钢桩、木桩、板桩等;按受力条件不同,可分为摩擦桩与端承桩;按施工方法不同,可分为钻孔灌注桩、打入桩、振动下沉桩及管柱基础等。下文主要介绍钻孔灌注桩及打入桩的施工方法。

1.钻孔灌注桩基础的施工

灌注桩是应用比较广泛的一种桩型,由于它噪声小,能够适应城市中对环境影响的要求,直径最大可达 3~6m,承载力远大于打入桩。钻孔灌注桩施工是采用不同的钻孔方法,在土中形成一定直径的井孔,达到设计标高后,再将钢筋骨架吊入井孔中,灌注混凝土形成桥梁桩基础。

(1)钻孔灌注桩施工工艺

钻孔灌注桩工艺适用性强,不受地质条件限制,能在松软底地层和地下水严重发育地区施工,钻孔深度可达 100m 以上。由于施工地区、地质条件、现场状况、施工机具等的不同,工艺流程也有所不同,但差别不是太大。

(2)钻孔的准备工作

钻孔前应做好布置场地、桩位测量、埋设护筒、安装钻机、准备和回收泥浆等工作。

1)场地布置

场地准备应查明施工场地的水文、地质、地下障碍物的情况,制定详尽的施工方案。旱地应清除杂物、平整坚实;浅水区可采用筑岛法钻孔;深水区可搭设工作平台钻孔。场地布置应对施工用水泥浆供应、排防水、动力供应、桩身灌注、钢筋骨架绑扎和吊运作统一安排。

2)桩位测量

根据设计提供的桩与墩台中心的相对位置,准确放出钻孔灌注桩的桩位中心位置。

3)埋设护筒

埋设护筒的目的是固定桩位,保护桩孔口不坍塌,隔离地面水,维护孔壁及钻孔导向等。护筒应坚实,不漏水,能多次使用,内径应比桩径稍大 200~400mm。护筒埋设方法由桩位处的地质与水文情况决定。在旱地、浅水和深水处可分别采用挖埋法、筑岛法、平台沉入法等。

4)泥浆工作

泥浆在钻孔时起悬浮钻渣、加固孔壁、防止坍孔等作用,此外还可冷却钻头,防止钻头冲击时因摩擦产生高温而变形。泥浆由水、黏土和添加剂按适当比例配制而成,黏土应该严格挑选,不得含砾、石、石膏等杂物,通常其塑性指数应大于 25,粒径小于 0.005mm,黏粒含量大于 50%。泥浆的制备按照钻孔方法的不同,采用不同的制备方法;当采用冲击钻孔时,黏土直接投入钻孔内,依靠钻头的冲击作用成浆;当采用回旋钻机钻孔时,通过泥浆搅拌机成浆,贮存在泥浆池内,再用泥浆泵输入钻孔内。

5)钻架、钻机就位

钻架是钻孔、吊放钢筋笼、灌注混凝土的支架。钻架应能承受钻具和其他辅助设备的重量,具有一定的刚度。钻机(架)安装就位前应先对钻架和各种钻具进行检查与维修,然后利用自身的动力移动就位。

(3)钻孔

目前市场上钻孔机具主要有螺旋式钻机、冲击式钻机、冲抓式钻机三类,它们主要由塔架、钻头、抽渣筒等组成。各成孔设备适用的地层、孔径、孔深、是否需要泥浆浮悬钻渣,与钻机的功率大小、施工管理质量好坏有关。相应的成孔方法有旋转钻进成孔、冲击钻进成孔、冲抓钻进成孔。

1）旋转式钻进成孔

利用钻具的旋转切削土体钻进，并在钻进同时使用循环泥浆的方法护壁排渣，继续钻进成孔。钻机按泥浆循环程序的不同可分为正循环和反循环两种。

旋转成孔适用于冲积层较厚的黏性土、砂性土、砂卵石等土层，还可钻进软岩或风化岩层。

2）冲击式钻进成孔

利用钻锥（重 10~35 kN）不断地提锥、落锥反复冲击孔底土层，把土层中泥沙、石块挤向四壁或打成碎渣，钻渣悬浮于泥浆中，利用掏渣筒取出，重复上述过程冲击钻进成孔。

主要采用的机具有定型的冲击式钻机、冲击钻头、转向装置和掏渣筒等，钻头一般采用整体铸钢做成的实体钻锤，钻刃为十字形，采用高强度耐磨钢材做成。

冲击钻孔适用于各类土层，特别对漂卵石和基岩钻孔比其他类型钻机效果更好。

3）冲抓式钻进成孔

利用兼有冲击和抓土作用的抓土瓣，通过钻架，由带离合器的卷扬机操纵，靠冲锥自重（重为 10~20kN）冲下，使抓土瓣锥尖张开插入土层，然后由带离合器的卷扬机锥头收拢抓土瓣，将土抓出，弃土后继续冲抓而成孔。

冲抓成孔适用于黏性土、砂性土及夹有碎卵石的砂砾土层，不宜在大漂石和基岩中钻孔，成孔深度宜小于 30m。

（4）放钢筋笼

钢筋笼根据图纸设计尺寸和钻架允许起吊高度，可整节或分节制作，应在清孔前制成，并经检查合格后方可使用。安放钢筋笼前需测孔深和孔径，安放时，注意对准桩位中心，轻轻下落，防止碰撞孔壁。钢筋骨架下到设计高程后，应在顶部采用措施反压，并固定孔口，防止混凝土在灌注过程中产生上浮，随后立即灌注混凝土。

（5）水下混凝土灌注

水下混凝土灌注常采用导管法施工，此方法是将导管插入到离孔底 0.3~0.4m 处，导管上口接漏斗，并在漏斗中存备足够的混凝土，通过放开导管与漏斗接口处的隔水球向孔底猛落，这时孔内水位骤然外溢，说明混凝土已灌入孔内。

水下混凝土常用的强度等级为 C20~C35。为了保证质量，混凝土的配合比应按设计强度的混凝土标号提高 10%~20% 进行设计。

灌注应连续进行，一气呵成，严禁在中途停工。导管的埋置深度宜控制在 2~6m，防止导管提升过猛，而使导管内进水造成断桩夹泥，也要防止导管埋入过深，造成导管被混凝土埋住而不能提升。为了确保桩顶质量，灌注的桩顶标高应比设计高出 0.5~1.0m，待混凝土凝结前，挖除多余的桩头，但应保留 10~20cm，以待修凿，接筑承台。

（6）钻孔事故的预防及处理

常见的钻孔事故及处理分述如下。

1）坍孔

各种钻孔方法都可能发生坍孔事故，坍孔的表征是孔内水位突然下降，孔口冒细密水泡，出渣量明显增加而不见进尺等。

为预防坍孔事故发生，在松散粉砂土或细砂中钻进时，应控制进尺速度，选用较大比重、黏度、胶体率的泥浆，汛期或潮汐地区水位变化过大时，应采取升高护筒、增加水头等措施保证水头相对稳定。

发生孔口坍塌时，可立即拆除护筒并回填黏土，重新埋设护筒再钻；如发生孔内坍塌，判别坍塌位置，回填砂和黏土混合物到坍孔以上 1~2m 处，如坍孔严重时应全部回填，待回填物沉积密实后再进行钻进。

2）扩孔和缩孔

扩孔是孔壁坍塌造成的结果，各种钻孔方法均可能发生，若仅孔内局部发生坍塌而扩孔，钻孔仍能达到设计深度则不必进行处理；若因扩孔后继续坍塌而影响钻进，应按坍孔事故处理。

由于钻锥焊补不及时，严重磨损的钻锥往往钻出较设计桩稍小的孔。地层中有软塑土遇水膨胀后使孔径缩小，各种钻孔方法均可能发生缩孔，可采用反复扫孔的方法以扩大孔径。

3）钻杆折断

在钻进过程中选用的转速不当、钻杆使用过久或地层坚硬进尺太快时，容易引起钻杆折断事故。人力、机动推锥和正反循环回转钻进时常发生此事故。

为预防此事故发生，应按设计要求选择合适直径的钻杆，不使用弯曲严重的钻杆，控制进尺，遇坚硬、复杂地层要仔细操作，如已发生钻杆折断事故，须将断落钻杆打捞上来，并检查原因，换用新的钻杆继续钻进。

4）钻孔漏浆

在透水性强或有地下水流动的地层中，稀泥浆会向孔外漏失；护筒埋设太浅，回填土不密实或护筒接缝不严密，会在护筒刃脚或接缝处漏浆；也可能由于水头过高使孔壁渗浆。

为防止漏浆，可加稠泥浆或倒入黏土慢速转动，或用填土渗片、卵石，反复冲击增强护壁；在有护筒防护范围内，接缝处漏浆，可由潜水工用棉絮、快干水泥渗泥填塞，封闭接缝。

2. 打入桩基础的施工

打入桩施工靠桩锤的冲击能量将预制的钢筋混凝土桩、预应力混凝土桩或钢管桩打入土中。以下主要介绍钢筋混凝土预制桩的施工。

（1）钢筋混凝土桩制作

桥梁工程中常用方形与矩形桩和管桩，方形桩与矩形桩断面尺寸一般为 0.3m×0.35m、0.4m×0.4m、0.45m×0.45m 等几种，桩长一般为 10~28m；管桩由工厂以离心成型法制成，断面尺寸外径为 0.4m 和 0.5m，每根桩超过三节，各节长度为 4、6、8m 不等。

制桩场地应考虑吊桩设备的安装、拆卸和运桩便道的布置，并根据地基及气候条件，做好排水设计，以防场地浸水沉陷，使桩变形；地基应平整夯实，其上面铺压一层砾料或石灰土，表面用水泥砂浆抹平压光。

桩的主筋宜采用整根的钢筋，如需接长时，宜采用对焊法焊接，不允许绑扎接头。相邻钢筋的接头位置要相互错开，其距离不小于钢筋直径 30 倍，在同一截面中的钢筋接头不应超过主筋总数的 1/4。

同一根桩的混凝土配合比不能随意改变，并用拌和机搅拌，坍落度不能大于 6cm，混凝土标号不低于 C25。灌注顺序由桩顶开始向桩尖连续灌注，中间不得停顿，不得留施工缝，并用振捣器严密捣实。混凝土浇筑完成后 1~2h，应覆盖洒水养护，养护天数按采用的水泥种类和天气情况而定，不得少于 7 天。

（2）预制桩的起吊、搬运和堆放

预制桩在吊运和堆放时，多采用 2 支点，较长的桩可采用 3 个或 4 个支点。钢筋混凝土桩的搬运可采用超长平板拖车或轨道平板车搬运。如采用前后托架车时，前托架必须加设活动转盘。桩搬运时，其支承点与吊点位置相同，偏差不大于 ±20cm。运输时，应将桩捆扎稳固。

桩的堆放场地应尽量靠近打桩地点，场地应平整坚实，防止不均匀沉陷。不同类型尺寸的桩，应考虑使用先后，分别堆放。堆放支点与吊点相同，偏差不应超过 ±20cm。多层堆放时，各层支垫木应位于同一垂直面上，堆放层数一般不宜超过 4 层。

（3）桩的连接

钢筋混凝土桩常用的连接方法有：法兰盘连接、钢板连接和硫黄胶泥（砂浆）连接等。接桩必须牢固、直顺。

法兰盘连接适用于管桩或实心方桩，制桩时，将法兰盘焊接在桩的主筋上。接桩时，将上下两节桩的法兰螺对好，并将上下两节桩的纵线对准，然后穿入螺栓，并对称地将螺帽逐步拧紧。待全部螺栓拧紧后，便可将螺帽点焊固接，以防打桩因振动而松弛。如采用高螺栓帽，也可不再点焊螺帽。然后在法兰盘上涂防锈油漆或防锈沥青胶泥。

钢板连接适用于方桩或钢管桩。制桩时，将桩的主筋上下端各焊 2~4 块方形钢板与主筋环四周焊上角钢。

接桩时将上节桩对准已打入的下节桩，下节桩在顶端预留 4 个周边方形螺纹的直孔，平面位置与上节桩的插筋相同，孔深大于伸出钢筋约 5cm，螺纹孔的直径为插筋的 2.5 倍，然后点焊固定，再伸缝焊接。

（4）打入桩机械设备

打入桩机械为桩锤与桩机，设备为与打入桩机械相连的桩架、桩帽和送桩等。

桩锤有吊锤、汽锤和柴油汽锤，工程上一般采用柴油汽锤。柴油汽锤是一种自身既是桩锤又是动力发生的联合装置，较汽锤优越，且沉桩效率较高。柴油锤结构简单，使用方便，不需从外部供应能源。但在过软的土中由于贯入度过大，燃油不易爆发，往往桩锤反跳不起来，会使工作循环中断。此外，柴油锤作业时造成噪声和空气污染等公害，故在城市中施工受到一定限制。桩锤的选用应根据地质条件、桩型、桩的密集程度、单桩竖向承载力及现有施工条件等决定。

桩架在打入桩施工中，承担吊桩锤、吊桩、插桩、吊插射水管及桩，在下沉过程中起导向作用等。工程中常用的是钢桩架。桩架在结构上必须有足够的强度、刚度和稳定性，保证在打桩过程的动力作用下桩架保持平稳，不发生移动和变位。桩架的高度应保证桩吊立就位时的需要及锤击的必要冲程。履带式桩架以履带式起重机为底盘，增加立柱和斜撑用以打桩。性能较好，桩架灵活，移动方便，可适应各种预制桩施工，目前应用较广。

（5）送桩

当桩顶被锤击低于龙门而须继续打入时，可用送桩将桩顶送达到必要的深度。

送桩的结构强度不应小于桩的强度。送桩的长度应为桩锤可能降到的最低标高与桩顶预计标高之差，并加以适当的富余量，送桩与桩的连接应使桩与送桩在同一中轴线上，当要打斜桩时，更应注意，否则桩顶与送桩受偏心锤击容易损坏。

（6）打桩

1）打桩注意事项

打桩前，应检查桩锤、桩帽和桩的中心是否一致，桩位是否正确，桩的垂直度或倾斜度是否符合设计要求，打桩架是否平稳牢固。开始打桩时应轻击慢打，在锤击过程中应重锤低击。打桩时，如遇贯入度突然发生急剧变化；桩身突然发生倾斜位移；桩不下沉，桩锤有严重回弹现象；桩顶破碎或桩身开裂、变形；桩侧地面有严重隆起现象等情况，应立即停止锤击，查明原因，采取措施后方可继续施工。

2）打桩中出现的问题及其处理方法

桩贯入度突然减小，一般是桩由软土层进入硬土层，或桩尖遇到石块等障碍物，此时不可硬打，以免桩身被打坏，查明原因后，可加射水配合打桩将障碍物冲开，或改用能量较大的桩锤。

①桩身倾斜或位移，一般是桩尖不对称，或遇障碍物。如倾斜过多，则应换桩或加桩。若偏斜在桩顶，未入土部分或入土不深时，可用钢丝绳及滑车组施加水平力纠正，桩头不平时，可凿平或垫平再打。

②桩顶破损，桩顶混凝土强度低，锤击偏心，未安置桩帽、桩垫，重锤猛击所致。应确保桩的质量，锤击力顺桩轴方向，选用合适桩帽、桩垫和桩锤，且施工时每桩要一气呵成。

③桩不下沉，桩身颤动，桩锤回跳，为桩尖遇到障碍物，或桩身弯曲，或接桩后自由长度过大，可采取偏移桩位、加装铁靴、射水配合等方法穿过或避开障碍物，桩身过长可加夹杆，桩身弯曲过大须换接新桩。

④断桩处理，对于已打入后断裂破损的桩，应拔出重打或另补新桩。

⑤打桩施工结束后，工程桩应进行承载力检验。一般采用静载荷试验法进行检验，检验桩数不应少于总数的 1%，且不应少于 3 根，当总桩数少于 50 根时，不应少于 2 根。此外，还应对桩身质量应进行检验。

六、沉井基础

沉井是一种历史悠久的施工方法,适用于地基表层较差而深部较好的地层,既可用在陆地上也可用在较深的水中。沉井是钢筋混凝土制成的井筒(下有刃脚,以利下沉和封底)结构物,施工时,先按基础的外形尺寸,在基础的设计位置上,制成井筒,然后在井内挖土,使井筒克服刃脚正面阻力及沉井内壁摩阻力后,依靠自重下沉至设计标高,经过混凝土封底,并填塞井孔,在顶部浇筑钢筋混凝土顶板,即成为深埋的实体基础。

1.沉井构造

沉井主要由井壁、刃脚、隔墙、封底及盖板等组成。

(1)井壁

井壁是沉井的主体部分。它在沉井下沉过程中起挡土、挡水及利用自重克服井壁摩擦力的作用,并将上部荷载传到地基上去。因此,井壁必须具有足够的强度和一定的厚度。井壁一般采用钢筋混凝土制作。

(2)刃脚

井壁下端形如楔状的部分称为刃脚。其作用是在沉井自重作用下易于切土下沉。刃脚底面宽度一般为100~200mm。

(3)隔墙

沉井长宽尺寸较大,则应在沉井内设置隔墙,以加强沉井的整体刚度。

(4)底和盖板

沉井下沉至设计标高进行清基后,便进行浇筑封底混凝土。如井孔中不填料则应在沉井顶面浇筑钢筋混凝土盖板。

沉井基础的特点是埋置深度大、整体性强、稳定性好、刚度大,能承受较大的荷载作用。沉井本身既是基础,又是施工时挡土和挡水围堰结构物,施工工艺不复杂。

2.沉井制作

(1)平整场地筑岛

在岸上制作底节沉井之前应先平整场地,使其具有一定的承载能力。若场地土质松软,应铺设一层30~50cm厚的砂或沙砾层并夯实,以免沉井在浇筑过程中和拆除承垫木时,由于发生不均匀的下沉而产生裂缝。

沉井可在基坑中浇筑,但应防止基坑被水淹没,坑底应高出地下水面0.5~1.0m,宜在枯水期施工。

若沉井下沉位置在水中,需水中筑岛,再在岛上制作沉井。筑岛材料应选用透水性好、易于压实的砂土或碎石填土,应分层夯实,每层厚度不应大于0.3m。在沉井周围设置不小于2m宽的护道,临水面边坡不应大于1:2。

（2）沉井制作

1）沉井分节：沉井分节制作高度，应能保证其稳定，又有适当重力便于顺利下沉。底节沉井的最小高度，应能抵抗拆除承垫木或挖除土模时的竖向挠曲强度。

2）铺设垫木：当沉井制作高度较高，结构自重较大，而地基土质较差，为了将沉井自重扩散到砂垫层及地基土上应铺设承垫木。

铺设垫木时，应用水平仪进行抄平，要使刃脚踏面在同一水平面上。承垫木在平面布置上，应均匀对称，每根承垫木的长度中心应与刃脚踏面中线相重合，以便把沉井的重量能均匀地传到砂垫层上。承垫木可以单根或几根编成一组铺设，但组与组之间最少需留出20~30cm的间隙，以便能顺利将承垫木抽出。

（3）模板及其拆除

沉井模板与一般现浇混凝土结构的模板基本上相同，应具有足够的强度、刚度、整体稳定性等，并使缝隙严密不漏浆。

沉井的非承重侧模在混凝土强度达到设计强度的50%可拆除；刃脚下的侧模在混凝土强度达到设计强度的75%方可拆除；当混凝土强度达到设计强度的100%时，沉井方可下沉。

3. 沉井下沉

（1）抽除垫木

抽除垫木应分区、依次、对称、同步进行。以定位垫木为中心，由远到近，先短边后长边，最后撤四根定位垫木。抽出几组垫木后，应立即用砂或碎石分层回填夯实。

回填顺序：当开始拆除几组垫木时，可不回填，当抽出几组后，即进行回填，回填时分层，洒水夯实，每层厚20~30cm。以定位垫木不压断为准，回填材料有碎石、砂砾石等。

（2）排水开挖下沉

排水开挖下沉适用于不透水或透水性差的土层，且土质稳定，排水时不产生流沙、涌水等。

排水开挖应从井中心向刃脚四周均匀对称除土，设计支承位置的土，应分层除土中最后同时挖除。由数个井窗组成的沉井，应控制各井窗之间除土面的高差，控制在50cm以内，以利沉井均匀下沉。下沉至设计标高以上2m左右时，应控制井内除土量和除土位置，以使沉井平稳下沉，正确就位。

（3）不排水开挖下沉

不排水开挖下沉适用于大量涌水、翻砂、土质不稳定的土层。

常用的挖土机械是抓斗、吸泥机等。开挖后为防止产生流沙现象，应向井内灌水以保持井内水位高于井外水位1.0~2.0m。沉井在下沉过程中，应经常进行观测，若发现有倾斜或偏移及时纠正。

（4）沉井接高

当底节沉井顶面下沉至离土面较近时，其上可接筑第二节沉井。接筑时应使底节竖直，上下两节沉井的轴线互相重合，各节井筒混凝土间隙紧密。接高的井筒一般不小于 3m，当新接高的井筒具有足够的强度和稳定性后方可继续下沉。

4. 沉井封底

（1）排水封底

地基经检验及处理符合要求后，应立即进行封底。刃脚四周用黏土或水泥砂浆封堵后，井内无渗水时，可在基底无水的情况下浇筑封底混凝土，浇筑时应尽可能将混凝土挤入刃脚。

（2）不排水封底

封底在不排水情况下进行，用导管法灌注水下混凝土，若灌注面积大，可用多根导管同时依次浇筑，一根导管的作用半径为 2.5~4.0m，浇筑应先周围后中间，先低后高进行。

5. 井孔填充和顶板浇筑

当封底混凝土养护达到所要求的强度后，才容许抽干水，进行井孔填充，填充前应清除封底混凝土面上的浮浆，若用砂夹卵石填充应分层夯实。

对于填充井孔的沉井，不需设置顶盖板，可直接在填充后的井顶浇筑承台或墩台，对于不填充井孔的沉井，需设置钢筋混凝土顶盖板，以便作为浇筑承台的底模板，盖板可预制后安装于井顶，也可就地浇筑。

6. 下沉时常见的问题及处理措施

（1）沉井下沉时的问题

1）沉井开始下沉阶段，容易产生偏移和倾斜事故。在这个阶段，应严格控制挖土的程序和深度，以免出现偏斜现象。但沉井入土不深，出现偏斜后纠正尚比较容易。

2）在下沉的中间阶段，可能开始出现下沉困难的现象，但待接高沉井后，重量增加，又可以下沉。在这一阶段中，仍可能发生偏斜事故，且纠正工作比较困难。

3）当下沉到最后阶段，快达到设计标高时，一般情况下，主要的问题是下沉困难，由于土体对沉井土的约束力增大，偏斜可能性较小。下面介绍下沉时常见的问题及处理措施。沉井下沉偏差产生的原因及其预防措施见表 3-1。

表 3-1 沉井下沉偏差产生的原因及其预防措施

序号	产生原因	预防措施
1	筑岛被水流冲坏或沉井一侧的土被水流冲空	事先加强对筑岛的防护，对水流冲刷的一侧可抛卵石或片石防护
2	沉井刃脚下土层软硬不均	随时掌握地层情况，多挖土较硬地段，对土质较软地段应少挖，多留台阶或适当回填和支垫
3	没有对称地抽出垫木或未及时回填夯实	认真制订和执行抽垫操作细则，注意及时回填夯实
4	除土不均匀，使井内土面高低相差过大	除土时严格控制井内泥面高差
5	刃脚下掏空过多，沉井突然下沉	严格控制刃脚下除土量
6	刃脚一角或一侧被障碍物搁住没有及时发觉和处理	及时发现和处理障碍物，对未被障碍物搁住的地段，应适当回填或支垫

序号	产生原因	预防措施
7	井外弃土或河床高低相差过大,偏土压对沉井的水平推移	弃土应尽量远弃,或弃于水流冲刷作用较大的一侧,对河床较低的一侧可抛土(石)回填
8	排水开挖时,井内大量翻砂	刃脚处应适当留有土台,不宜挖通,以免在刃脚下形成翻砂通水通道,引起沉井偏斜
9	土层或岩面倾斜较大,沉井沿倾斜面滑动	在倾斜面低的一侧填土挡脚,刃脚到达倾斜岩面后,应尽快使刃脚嵌入岩层一定深度,或对岩层钻孔,以桩(柱)锚固
10	在塑态到流动状态的淤泥土中,沉井易于偏斜	可采用轻型沉井,踏面宽度宜适当加宽,以免沉井下沉过快而失去控制

(2)沉井下沉纠偏方法

1)侧除土:当沉井向一侧偏斜时,可利用侧除土的方法使沉井在下沉过程中逐渐纠正偏差,方法简单,效果也好。

①纠正偏斜时,可在刃脚较高的一侧除土,除土范围与深度酌情而定,在刃脚较低的一侧加支撑垫,随着沉井的下沉,倾斜即可纠正。

②纠正位移时,可先有意侧除土使沉井向偏位的方向倾斜,然后沿倾斜的方向下沉,直至沉井底面中心与设计中心位置相合或接近时,再将倾斜纠正或纠至向相反方向倾斜一些,最后调整至倾斜和位移都在容许偏差范围内为止。

2)顶牵正:在井顶施加水平力,可用卷扬机或千斤顶在刃脚低的一侧加设支垫纠偏。

3)偏压重:由于弃土偏堆在沉井一侧,或由于上游河床受冲而形成沉井两侧土压力差,能使沉井产生偏差。同理,可在沉井偏斜的一侧抛石填土,使该侧土压力较彼侧为大或在刃脚较高的一侧的井壁或顶施加重物,也可纠正沉井的偏斜。

第三节　上部结构施工

一、桥梁上部结构装配式施工技术

1.先张法预制梁板

(1)台座

台座是先张法施工的主要设备之一,承受预应力钢筋的全部张拉力,它应有足够的强度和稳定性,以免台座变形、倾覆、滑移而引起预应力损失。台座由一个框架(两根固定横梁和两根受压柱构成)和两根活动横梁组成,固定和活动横梁间设置千斤顶,预应力钢筋两端用工具锚固在活动横梁的锚固板上。千斤顶顶起活动横梁,使预应力筋受张拉。全部张拉力由框架承受。

压柱的承压形式可为中心受压或偏心受压,一般采用偏心受压。前者省料但作业不方便,后者则相反。

（2）模板工程

预制梁的模板是施工过程的临时结构,它不仅关系到预制梁尺寸的精度,而且对工程质量、施工进度和工程造价有直接的影响。

预制梁的模板通常按材料分类,有钢模板、木模板、土木组合模、土模以及钢木组合模等数种。预制工厂常采用钢模板和钢木结合的模板。

模板在制作时,应保证表面平整,转角光滑,连接孔配合准确。对于钢模要考虑焊缝收缩对长度的影响,对于木模要在构造上采取措施以防漏浆。模板的组装可在工作平台上进行,底模在制作时需考虑预制梁的预拱度。

模板的安装应与钢筋工作配合进行。在底模整平以及钢筋骨架安装后,安装侧模板和端模板;也可先安装端模,后安装侧模板。模板安装的精度要高于预制梁的精度要求。每次模板安装完成后须通过验收合格后,方可进入下一道工序。

模板分为底模、侧模、端模和内模。底模支承在底座上或设置在流水台车上,可用12~16mm 厚的钢板制成。将先张台座的混凝土底板作为预制构件的底模,要求地基不产生非均匀沉陷,底板制作必须平整光滑、排水畅通,预应力筋放松,梁体中段拱起,两端压力增大,梁位端部的底模应满足强度要求和重复使用的要求。底模在构造上应注意设置底模与侧模、底模与端模以及底模接长的联系构件。此外,还应在底模与台座之间设置减振垫。

侧模板由侧板、水平加劲肋、斜撑等构件组成。钢侧模板一般采用 4~8mm 厚钢板,采用L50~L100 加劲角钢。侧模板在构造上应考虑悬挂振捣器的构件,要加强侧模间的连接构造,并需设置拆模板的设施。先张法制作预应力板梁,预应力钢筋放松后板梁压缩量为1%左右。为保证梁体外形尺寸准确,侧模制作要增长 1%。

（3）预应力筋的张拉

预应力钢筋通常采用高强钢丝,钢绞线和精轧螺纹钢筋。

预应力混凝土预制梁制造过程中,张拉预应力筋、对梁施加预应力是一项十分重要的工作。施加预应力过多或不足都会影响梁的预制质量,必须按设计要求,准确地施加预应力。

先张法梁的预应力筋是在底模整理后,在台座上张拉已加工好的预应力筋。

先张法梁通常一端张拉,另一端在张拉前要设置好固定装置或安放好预应力筋的放松装置。张拉前,应先在端横梁上安装预应力筋的定位钢板,同时检查其孔位和孔径是否符合设计要求。之后在台座安装预应力筋,穿钢筋不能刮碰掉台面上的隔离剂。安装张拉设备时,应使张拉力的作用线与钢筋中心线一致。张拉时应采用应力与伸长值双控制,如发现伸长值异常,应停止张拉,查明原因。此外,在张拉过程中要十分重视施工安全。

为了减少张拉过程中的预应力损失,可以采用超张拉的方法。

（4）预应力混凝土的配料与浇筑

混凝土工程质量好坏是保证混凝土能否达到设计强度等级的关键,将直接影响钢筋混凝土结构的强度和耐久性。

1）预应力混凝土配料

预应力混凝土配料除符合普通混凝土有关规定外，尚应符合如下要求：主配制高强度等级的混凝土应选择级配优良的配合比，在构件截面尺寸和配筋允许下，尽量采用大粒径骨料、强度高的骨料；含砂率不超过 0.4，水泥用量不宜超过 500 kg/m³，最大不超过 550 kg/m³，水灰比不超过 0.45，一般可采用低塑性混凝土，坍落度不大于 30mm，以减少因徐变和收缩所引起的预应力损失。

在拌和料中可掺入适量的减水剂（塑化剂），以达到易于浇筑、早强、节约水泥的目的，其掺入量可由试验确定，也可参考经验值。拌和料不得掺入氯化钙、氯化钠等氯盐及引气剂，亦不宜掺用引气型减水剂。值得注意是，由于混凝土掺加减水剂效果显著，目前用于建造预应力混凝土桥梁的高强度混凝土几乎没有不掺加减水剂的，但使用时不能掉以轻心，使用不当将会严重影响混凝土水、水泥、减水剂用量应准确到 ±1%；骨料用量准确到 ±2%。

预应力混凝土所用的一切材料，必须全面检查，各项指标均应合格。预应力混凝土选配材料总的发展趋势是提高强度，减轻自重，主要途径是采用多孔的轻质骨料。改善预应力混凝土物理力学性能的另一个重要途径是发展研制改性混凝土。

2）预应力混凝土浇筑

混凝土浇筑前除按操作规程检查外，对先张构件还应检查台座受力、夹具、预应力筋数量、位置及张拉吨位是否符合要求等。

浇筑质量主要从两个方面来控制，一个是浇筑层的厚度与浇筑程序；另一个是良好的振捣，两个方面互相影响。当构件的高度（或厚度）较大时，为了保证混凝土能振捣密实，应采用分层浇筑法，并应在下层混凝土初凝之前，将上层混凝土浇筑并振捣完毕。T 形梁的浇筑顺序一般采用水平层浇筑，也可采用斜层浇筑。

混凝土浇筑不得任意中断，由于技术上或组织上的原因必须间歇时，间歇时间应根据环境温度、水泥性能、水灰比、外加剂类型及混凝土硬化条件确定。无试验资料时，对不掺外加剂的混凝土，间歇时间不宜超过 2h；当温度高达 30℃ 左右时，应减少为 1.5 h；当温度低于 10℃ 左右时，可延长至 2.5h。

3）混凝土的振捣

混凝土浇筑与混凝土振捣要密切配合，分层浇筑分层振捣。

在预制梁时，组织强力振捣是提高施工质量的关键。由于预制梁截面形状复杂，梁高、壁薄、钢筋密集，在浇筑梁下层或下马蹄处的混凝土时，可使用底模和侧模下排的振捣器联合振捣，并依照浇筑位置调整振捣部位。当浇筑到梁的上层或梁肋混凝土时，主要使用侧模振捣，辅以插入式振捣。待浇筑桥面混凝土时，可使用侧模上排振捣器、插入式振捣器和平板式振捣器联合振捣。

混凝土的振捣时间应严格控制。振捣时间过长，容易引起混凝土的离析现象；振捣时间过短，不能达到要求的密实度。一般以振捣至混凝土不再下沉、无显著气泡上升、混凝土表面出现浮浆、表面达到平整为适度。当用附着式振捣器时，因振捣效率差，一般约需 120 s。

当用插入式振捣器时,效果较好,一般只要 20~30 s。当用平板式振捣器时,在每个位置上的振捣时间为 25~40 s。

4)混凝土的养护及拆模

为保持混凝土硬化时所需的温度与湿度,混凝土浇筑后需进行养护。预应力混凝土梁一般采用蒸汽法养护。开始时恒温,温度应按设计规定执行,不得任意提高,以免造成不可补救的预应力损失。

拆模的施工质量好坏直接影响到预制梁的质量和模板的周转使用。不承重的侧模,在混凝土强度达到 2.5 MPa 时,可以拆除。侧模可用千斤顶协助脱模,为使模板单元安全脱模,常用旋转法拆模,其转动中心可设在侧模的下端或上端。承重的底面模板应在混凝土强度能承受自重和其他可能的外荷载时拆除。拆模后,如发现有缺陷,应进行修补。操作时,应遵循以下三点。

对有面积小、数量不多的蜂窝或露石的混凝土,先用钢丝刷或加压水洗刷基层,然后用 1∶2~1∶2.5 的水泥砂浆抹平。

对有较大面积的蜂窝、露石和露筋的混凝土应按其全部深度凿去薄弱层,然后用钢丝刷或加压水冲刷,再用比原混凝土强度等级高一个级别的细骨料混凝土填塞,并仔细捣实。

对影响结构性能的缺陷,应与设计单位研究处理。

(5)预应力筋的放松

当混凝土强度达到设计强度的 70%~80% 以后,可在台座上放松受拉预应力筋,对预制梁施加预应力。放松过早会造成较多的预应力损失(主要是收缩、徐变损失);放松过迟,则影响台座和模板的周转。放松操作时速度不应过快,尽量使构件受力对称均匀。只有待预应力筋被放松后才能切割每个构件端部的钢筋。

放松预应力钢筋的方法有:用千斤顶先拉后松、滑楔放松和螺杆放松等方法,用得较多的是千斤顶放松。

采用千斤顶放松,是在混凝土达到规定强度后,再安装千斤顶重新张拉钢筋,施加的应力不应超过原有的张拉控制应力,之后将固定在横隔梁定位板前的双螺帽慢慢旋动后,再将千斤顶回油,让钢筋慢慢放松,使构件均匀对称受力。当逐根放松预应力筋时,应严格按有利于梁受力的次序分阶段进行。通常自构件两侧对称地向中心放松,以免较后一根钢筋断裂时使梁承受大的水平弯曲冲击作用。

2. 后张法预制梁板

(1)后张法预制梁板施工工序

1)按施工需要规划预制场地,整平压实,完善排水系统,确保场内不积水。

2)根据预制梁的尺寸、数量、工期,确定预制台座的数量、尺寸,台座用表面压光的梁(板)筑成,应坚固不沉陷,确保底模沉降不大于 2mm,台座上铺钢板底模或用角钢镶边代作底模。当预制梁跨大于 20m 时,要按规定设置反拱。

3)根据需要及设备条件,选用塔吊或跨梁龙门吊作吊运工具,并铺设轨道。

4）统筹规划梁（板）拌和站及水、电管路的布设安装。

5）预制模板由钢板、型钢组焊而成，应有足够的强度、刚度和稳定性，尺寸规范、表面平整光洁、接缝紧密、不漏浆，试拼合格后，方可投入使用。

6）在绑扎工作台上将钢筋绑扎焊接成钢筋骨架，把制孔管按坐标位置定位固定，如使用橡胶抽拔管要插入芯棒。

7）用龙门吊机将钢筋骨架吊装入模，绑扎隔板钢筋，埋设预埋件，在孔道两端及最低处设置压浆孔，在最高处设排气孔，安设锚垫板后，先安装端模，再安装涂有脱模剂的钢侧模，统一紧固调整和必要的支撑后交验。

8）将质量合格的梁（板）用专用设备运输，卸入吊斗，由龙门吊从梁的一端向另一端，水平分层，先下部捣实后再腹板、翼板，浇筑至接近另一端时改从另一端向相反方向顺序下料，在距梁端3~4m处浇筑合龙，一次整体浇筑成型。当梁高跨长，或混凝土拌制跟不上浇筑进度时。可采用斜层浇筑，或纵向分段，水平分层浇筑。

（2）后张法张拉时的施工要点

1）对受力筋施加预应力之前，应对构件进行检验，外观尺寸应符合质量标准要求。张拉时，构件混凝土强度应符合设计要求；设计无要求时，不应低于设计强度等级值的75%。当块体拼装构件的竖缝采用砂浆接缝时，砂浆强度不低于15 MPa。

2）对预留孔道应用通孔器或压气、压水等方法进行检查。端部预埋铁板与锚具和垫板接触处的焊渣、毛刺、混凝土残渣等应清除干净。当采用先穿束的方法时用压气、压水较好。

3）钢筋穿束前，螺丝端杆的丝扣部分应用水泥袋纸等包缠2~3层，并用细钢丝扎牢；在钢丝束、钢绞线束、钢筋束等穿束前，将一端找齐平，顺序编号。对于短束，用人工从一端向另一端穿束；对于较长束，应套上穿束器，由引线及牵引设备从另一端拉出。

4）对于夹片式锚具，上好的夹片应齐平，并在张拉前用钢管捣实。

5）预应力筋的张拉顺序应符合设计要求，当设计未规定时，可采取分批、分段对称张拉。

3. 预制梁的架设方法

（1）联合架桥机法

以联合架桥机并配备若干滑车、千斤顶、绞车等辅助设备架设安装的预制梁适用于多孔30m以下孔径的装配式桥梁。

1）联合架桥机的组成

联合架桥机主要由龙门架、导梁和蝴蝶架组成。龙门架用工字形钢梁架设，在架上安放两台吊车，架的接头处和上、下缘用钢板加固，主柱为拐脚式，横梁的高程由两根预制梁的叠高加上平板车的高度和起吊设备的高度决定。它是用来起落预制件和导梁，并对预制构件进行墩上横移和就位。蝴蝶架是专供托运龙门吊机在轨道上移走的支架，它形如蝴蝶，用角钢拼成，设有供升降用的千斤顶。它是用以拖动龙门架转移位置的专用工具，托架是在桥头地面上拼装、竖直，用千斤顶顶起放在托架平车上，移至导梁上放置。导梁用钢桁梁拼成，以横向框架连接，其上铺钢轨供运梁行走。

2）施工作业

架梁时，先铺设导梁和轨道，用绞车将导梁拖移就位后，把蝴蝶架用平板小车推上轨道，将龙门吊机托运至墩上，用千斤顶将吊机降落在墩顶，并用螺栓固定在墩的支承垫块上，然后用平车将梁运到两墩之间，由吊机起吊、横移、下落就位。待全跨梁就位后，向前铺设轨道，用蝴蝶架把吊机移至下一跨架梁。

3）施工优点

其优点是可完全不设桥下支架，不受洪水威胁，架设过程中不影响桥下通车、通航。预制梁的纵移、起吊、横移、就位都比较便利。缺点是架设设备用钢材较多（可周转使用），较适用于多孔 30m 以下孔径的装配式桥。

（2）双导梁穿行式架设法

双导梁穿行式架设法是在架设跨间设置两组导梁。导梁是用贝雷梁或万能构件组装的钢桁架，其梁长大于两倍桥梁跨径，前方为引导部分，由前端钢支架与前方墩上的预埋螺栓连接，中段是承重部分，后段为平衡部分。导梁顶面铺设小平车轨道，预制梁由平车在导梁上运至桥孔，由设在两根横梁上的卷扬机吊起，下落在两个桥墩上，之后在滑道垫板上进行横移就位。先安装两个边梁，再安装中间各梁。全跨安装完毕、横向焊接后，将导梁向前推，安装下一路。

（3）扒杆架设法

扒杆架设法又称吊鱼架设法，是利用人字扒杆来架设桥梁上部结构构件，而不需要特殊的脚手架或木排架。

人字扒杆又有一副扒杆和两副扒杆架设两种。两副扒杆架设中，一副是吊鱼、滑车组，用以牵引预制梁悬空拖曳；另一绞车是牵引前进，梁的尾端设有制动绞车，起溜绳配合作用，后扒杆的主要作用是预制梁吊装就位时，配合前扒杆吊起梁端，抽出木垛，便于落梁就位。一副扒杆架设中，基本方法与两副扒杆架设相同，不同之处是采用千斤顶顶起预制梁，抽出木垛，落梁就位。

用此法架梁时，必须以预制梁的质量和墩台间跨径为基础，在竖立扒杆、放倒扒杆、转移扒杆或吊梁进行横移等各个阶段，对扒杆、牵引绳、控制绳等零件进行受力分析和应力计算，以确保设备的安全。此法不受架设孔墩台高度和桥孔下地基、河流水文等条件影响，适用于起吊高度不大和水平移动范围较小的中、小跨径的桥梁。

（4）自行式吊车架梁

在桥不高、场内又可设置行车便道的情况下，用自行式吊车（汽车吊车或履带吊车）架设中、小跨径的桥梁十分方便。此法视吊装质量不同，还可采用单吊（一台吊车）或双吊（两台吊车）两种形式。其特点是机动性好，不需要动力设备，不需要准备作业，架梁速度快。一般吊装能力为 150~1000 kN。此方法适合于陆地架设。

（5）跨墩门式吊车架梁

跨墩龙门吊机安装适用于岸上和浅水滩以及不通航浅水区域安装预制梁。两台跨墩龙门吊机分别设于待安装孔的前、后墩位置,预制梁由平车顺桥向运至安装孔的一侧,移动跨墩龙门吊机上的吊梁平车,对准梁的吊点放下吊架,将梁吊起。当梁底超过桥墩顶面后,停止提升,用卷扬机牵引吊梁平车慢慢横移,使梁对准桥墩上的支座,然后落梁就位,接着准备架设下一根梁。

在水深不超过5m、水流平缓、不通航的中小河流上的小桥孔,也可采用跨墩龙门吊机架梁。这时必须在水上桥墩的两侧架设龙门吊机轨道便桥,便桥基础可用木桩或钢筋混凝土桩。在水浅流缓而无冲刷的河上,也可用木笼或草袋筑岛来做便桥的基础。便桥的梁可用贝雷组拼。

(6)浮吊架设法

在海上和深水大河上修建桥梁时,用可回转的伸臂式浮吊架梁比较方便,也可用钢制万能杆件或贝雷钢架拼装固定的悬臂浮吊进行。这种架梁方法高空作业较少,施工比较安全,吊装能力也大,工效也高,但需要大型浮吊。鉴于浮吊船来回运梁航行时间长,要增加费用,一般采取用装梁船存梁后成批一起架设的方法。浮吊架梁时需在岸边设置临时码头来移运预制梁。架梁时,浮吊要认真锚固。如流速不大时,则可用预先抛入河中的混凝土锚来作为锚固点。

二、桥梁上部结构支架施工技术

1. 支架、拱架、模板的类型

(1)支架

支架按其构造分为立柱式支架、梁式支架和梁柱式支架;按材料可分为木支架、钢支架、钢木混合支架和万能杆件拼装的支架等。

1)立柱式支架。立柱式支架构造简单,可用于陆地或不通航河道以及桥墩不高的小跨径桥梁施工。

2)梁式支架。根据跨径不同,梁可采用工字钢、钢板梁或钢桁梁。

3)梁柱式支架。当桥梁较高、跨径较大时必须在支架下设孔,通航或排洪时可用梁柱式支架。

(2)拱架

拱架按结构分为支柱式、撑架势、扇形、衍式、组合式等;按材料分为木拱架、钢拱架、竹拱架和土牛拱胎。

(3)模板

施工所用模板,有组合钢模板、木模板、木胶合板模板、竹胶合板模板、硬铝模板、塑料模板、各类纤维材料板。施工时应根据结构物的外观要求选用。

2.模板、支架和拱架的设计

（1）设计的一般要求

1）模板、支架和拱架的设计，应根据结构形式、设计跨径、施工组织设计、荷载大小、地基土类别及有关的设计、施工规范进行。

2）应绘制模板、支架和拱架总装图、细部构造图。

3）应制定模板、支架和拱架结构的安装、使用、拆卸保养等有关技术安全措施和注意事项。

4）应编制模板、支架及拱架材料数量表。

5）应编制模板、支架及拱架设计说明书。

（2）设计荷载

1）计算模板、支架和拱架时，应考虑下列荷载组合：模板、支架和拱架自重；新浇筑混凝土、钢筋混凝土或其他圬工结构物的重力；施工人员和施工材料、机具等行走运输或堆放的荷载；振捣混凝土时产生的荷载；新浇筑混凝土对侧面模板的压力；倾倒混凝土时产生的水平荷载；其他可能产生的荷载，如雪荷载、冬季保温设施荷载等。

2）计算模板、支架和拱架的强度和稳定性时，应考虑作用在模板、支架和拱架上的风力。设于水中的支架，尚应考虑水流压力、流冰压力和船只漂流物等冲击力荷载。

3）组合箱形拱，如为就地浇筑，其支架和拱架的设计荷载可只考虑承受拱肋重力及施工操作时的附加荷载。

（3）—稳定性要求

支架的立柱应保持稳定，并用撑拉杆固定。当验算模板及其支架在自重和风荷载等作用下的抗倾倒稳定时，验算倾覆的稳定系数不得小于1.3。

3.模板、支架和拱架的制作及安装

（1）钢模板制作

1）钢模板宜采用标准化的组合模板。各种螺栓连接件应符合国家现行有关标准。

2）钢模板及其配件应按批准的加工图加工，成品经检验确认合格后方可使用。

（2）木模板制作

1）木模可在工厂或施工现场制作，木模与混凝土接触的表面应平整、光滑，多次重复使用的木模应在内侧加钉薄铁皮。木模的接缝可做成平缝、搭接缝或企口缝。当采用平缝时，应采取措施防止漏浆。木模的转角处应加嵌条或做成斜角。

2）重复使用的模板应始终保持其表面平整、形状准确：不漏浆，有足够的强度和刚度。

（3）模板安装的技术要求

混凝土的模板板面应采用下列材料之一：金属板、木制板及高分子合成材料面板、硬塑料或玻璃钢板等材料。外露面的模板板面宜采用钢模板、胶合板，为减少模板的拼缝，对于大面积的混凝土，其每块模板的面积宜大于1.0 ㎡。

墩台帽的突出部分，应做成倒角或削边，以便脱模。在结构物的某些部位设置凸条或凹槽的装饰线。在模板内的金属连接件或锚固件，应按图纸规定及监理工程师的要求将其拆卸或截断，且不损伤混凝土。模板内应无污物、砂浆及其他杂物。以后要拆除的模板，应在使用前彻底涂以脱模剂或其他相当的代用品，使其易于脱模，并使混凝土不变色。

1）模板与钢筋安装工作应配合进行，妨碍绑扎钢筋的模板应待钢筋安装完毕后安设。模板不应与脚手架连接（模板与脚手架整体设计时除外），避免引起模板变形。

2）安装侧模板时，应防止模板移位和凸出。基础侧模可在模板外设立支撑固定，墩、台、梁的侧模可设拉杆固定。浇筑在混凝土中的拉杆，应按拉杆拔出或不拔出的要求，采取相应的措施。对小型结构物，可使用金属线代替拉杆。

3）模板安装完毕后，应对其平面位置、顶部标高、节点联系及纵、横向稳定性进行检查，签认后方可浇筑混凝土。浇筑时，发现模板有超过允许偏差变形值的可能时，应及时纠正。

4）模板在安装过程中，必须设置防倾覆设施。

5）当结构自重和汽车荷载（不计冲击力）产生的向下挠度超过跨径的 1/1600 时，钢筋混凝土梁、板的底模板应设预拱度，预拱度值应等于结构自重和 1/2 汽车荷载（不计冲击力）所产生的挠度。纵向预拱度可做成抛物线或圆曲线。

6）后张法预应力梁、板，应注意预应力、自重和汽车荷载等综合作用下所产生的上拱或下挠，应设置适当的预挠或预拱。

（4）支架、拱架制作安装

支架、拱架制作安装一般有如下要求。

1）支架和拱架宜采用标准化、系列化、通用化的构件拼装。无论使用何种材料的支架和拱架，均应进行施工图设计，并验算其强度和稳定性。

2）制作木支架、木拱架时，长杆件接头应尽量减少，两相邻立柱的连接接头应尽量分设在不同的水平面上。主要压力杆的纵向连接，应使用对接法，并用木夹板或铁夹板夹紧。次要构件的连接可用搭接法。

3）安装拱架前，对拱架立柱和拱架支承面应详细检查，准确调整拱架支承面和顶部标高，并复测跨度，确认无误后方可进行安装。各片拱架在同一节点处的标高应尽量一致，以便于拼装平联杆件。在风力较大的地区，应设置风缆。

4）支架和拱架应稳定、坚固，应能抵抗在施工过程中有可能发生的偶然冲撞和振动。

（5）中小跨径的空心板制作时所使用的芯模的要求

1）充气胶囊在使用前应经过检查，不得漏气，安装时应有专人检查钢丝头，钢丝头应弯向内侧，胶囊涂刷隔离剂。每次使用后，应妥善存放，防止污染、破损及老化。

2）从开始浇筑混凝土到胶囊放气时止，其充气压力应保持稳定。

3）浇筑混凝土时，为防止胶囊上浮和偏位，应采取有效措施加以固定，并应对称平衡地进行浇筑。

4）胶囊的放气时间应经试验确定，可以混凝土强度达到能保持构件不变形为宜。

5）木芯模使用时应防止漏浆和采取措施便于脱模。要控制好拆芯模时间，过早易造成混凝土塌落,过晚拆模困难。应根据施工条件通过试验确定拆除时间。

6)钢管芯模应由表面匀直、光滑的无缝钢管制作,混凝土终凝后,即可将芯模轻轻转动,然后边转动边拔出。

4. 模板、支架和拱架的拆除

承包人应在拟定拆模时间的 12h 以前,报告拆模建议,并应取得同意。如果由于拆模不当而引起混凝土损坏。卸落拱架时应用仪器观测拱圈挠度和墩台变位情况,并做好记录。

5. 施工工序

(1)地基处理

地基处理应根据箱梁的断面尺寸及支架的形式对地基的要求而决定,支架的跨径大,对地基的要求就高,地基的处理形式就得加强,反之就可相对减弱。地基处理时要做好地基的排水,防止雨水或混凝土浇筑和养护过程中滴水对地基的影响。

(2)支架

1)支架的布置根据梁截面大小并通过计算确定以确保强度、刚度、稳定性满足要求,计算时除考虑梁体混凝土质量外,还需考虑模板及支架质量,施工荷载(人、料、机等),作用模板、支架上的风力,及其他可能产生的荷载(如雪荷载,保证设施荷载)等。

2)支架应根据技术规范的要求进行预压,以收集支架、地基的变形数据。作为设置预拱度的依据,预拱度设置时要考虑张拉上拱的影响。预拱度一般按两次抛物线设置。

3)支架的卸落设备可根据支架形式选择使用木楔、砂筒、千斤顶、U 形顶托等,卸落设备尤其要注意有足够的强度。

(3)模板

模板由底模、侧模及内模三个部分组成,一般预先分别制作成组件,在使用时再进行拼装。模板以钢模板为主,在齿板、堵头或棱角处采用木模板。模板的楞木采用方钢、槽钢或方木组成,布置间距以 75cm 左右为宜,具体的布置需要根据箱梁截面尺寸确定,并通过计算对模板的强度、刚度进行验算。

(4)普通钢筋、预应力筋的布设

1)在安装并调好底模及侧模后,开始底、腹板普遍钢筋绑扎及预应力管道的预设。混凝土一次浇筑时,在底、腹板钢筋及预应力管道完成后,安装内模,再绑扎顶板钢筋及预应力管道。混凝土二次浇筑时,底、腹板钢筋及预应力管道完成后,浇筑第一次混凝土,混凝土终凝后,再支内模顶板,绑扎顶板钢筋及预应力管道,进行混凝土的第二次浇筑。

2)普通钢筋及预应力筋按规范的要求做好各种试验,严格按设计图纸的要求布设,对于腹板钢筋一般根据其起吊能力,预先焊成钢筋骨架,吊装后再绑扎或焊接成型,钢筋绑扎、焊接要符合技术规范的要求。

3)预应力管道采用镀锌钢带制作,预应力管道的位置按设计要求准确布设,并采用每隔 50cm 一道的定位筋进行固定,接头要平顺,外用胶布缠牢,在管道的高点设置排气孔。

4)锚垫板安装前,要检查锚垫板的几何尺寸是否符合设计要求,锚垫板要牢固地安装在模板上。要使垫板与孔道严格对中,并与孔道端部垂直,不得错位。

5)预应力筋的下料长度要通过计算确定,计算应考虑孔道曲线长,锚夹具长度,千斤顶长度及外露工作长度等因素。

6)预应力筋穿束前要对孔道进行清理。

(5)混凝土的浇筑

浇筑施工前,应做混凝土的配合比设计及各种材料试验,并根据实际情况进行综合比较确定箱梁混凝土采用一次、两次或三次浇筑。以下两点施工中应给予重视。

1)混凝土浇筑时要安排好浇筑顺序,其浇筑速度要确保下层混凝土初凝前覆盖上层混凝土。

2)混凝土的振捣采用插入式振捣器进行,振捣器的移动间距不超过其作用半径的 1.5 倍,并插入下层混凝土 5~10cm。对于每一个振捣部位,必须振捣到该部位混凝土密实为止,但也不得超振。

三、桥梁上部结构逐孔施工技术

1. 概述

逐孔施工法从施工技术方面有三种类型。

(1)采用临时支承组拼预制节段逐孔施工:对于多跨长桥,在缺乏较大能力的起重设备时,可将每跨梁分成若干段,在预制现场生产;架设时采用一套支承梁临时承担组拼节段的自重,并在支承梁上张拉预应力筋,并将安装跨的梁与移动临时支承梁,进行下一桥的施工。

(2)使用移动支架逐孔现浇施工:此法亦称移动模梁法,它是在可移动的支架、模板上完成一孔桥梁的全部工序。由于此法是在桥位上现浇施工,可免去大型运输和吊装设备。桥梁整体性好;同时它还具有在桥梁预制厂生产的特点,可提高机械设备的利用率和生产效率。

(3)采用整孔吊装或分段吊装逐孔施工:这种施工方法是早期连续梁桥采用逐孔施工的唯一方法,可用于混凝土连续梁和钢连续梁桥的施工中。

2. 用临时支承组拼预制节段逐孔施工的要点

(1)节段划分

1)桥墩顶节段:由于桥墩节段要与前一跨连接,需要张拉钢索或钢索接长,为此对墩顶节段构造有一定要求。此外,在墩顶处桥梁的负弯矩较大,梁的截面还要符合受力要求。

2)标准节段:前一跨墩顶节段与安装跨第一节段间可以设置就地浇筑混凝土封闭接缝,用以调整安装跨第一节段的准确程度。封闭接缝宽 15~20cm,拼装时由混凝土垫块调整。在施加初预应力后用混凝土封填,这样可调整节段拼装和节段预制的误差。

(2)支承梁

1)钢桁架导梁:钢梁应设置预拱度,要求当每跨箱梁节段全部组拼之后,钢导梁上弦应符合桥梁纵断面标高要求。同时还需准备一些附加垫片,用于临时调整标高。

2)下挂式高架钢桁架:在节段组拼过程中,架桥机前臂必然下挠,安装桥跨第一块中间节段的挠度倾角调整是该跨架安设的关键,因此要求当一跨节段全部由架桥机空中吊起后,第一个中间节段与墩上节段的接触面应全部吻合。

3.用移动支架逐孔现浇施工(移动模架法)

当桥墩较高,桥跨较长或桥下净空受到约束时,可以采用非落地支承的移动模架逐孔现浇施工,称为移动模架法。移动模架法适用于多跨长桥,桥梁跨径可达50m,使用一套设备可多次移动周转使用。

移动模架法施工的主要工序:侧模安装就位、安装底模、支座安装、预拱度设置与模板调整、绑扎底板及腹板钢筋、预应力系统安装、内模就位、顶板钢筋绑扎、箱梁混凝土浇筑、内模脱模、施加预应力、管道压浆、拆底模及滑模纵移。

4.整孔吊装或分段吊装逐孔施工

(1)整孔吊装或分段吊装逐孔施工的吊装机具

吊装的机具有衍式吊、浮吊、龙门起重机、汽车吊等多种,可根据起吊物重力、桥梁所在的位置以及现有设备和掌握机具的熟练程度等因素决定。

(2)整孔吊装和分段吊装施工应注意以下几个问题

1)采用分段组装逐孔施工的接头位置可以设在桥墩处也可设在梁的1/5附近,前者多为由简支梁逐孔施工连接成连续梁桥;后者多为悬臂梁转换为连续梁。在接头位置处可设有0.5~0.6m现浇混凝土接缝,当混凝土达到足够强度后张拉预应力筋,完成连续。

2)桥的横向是否分隔,主要根据起重能力和截面形式确定。当桥梁较宽,起重能力有限的情况下,可以采用T梁或工字梁截面,分片架设之后再进行横向整体化。为了加强桥梁的横向刚度,常采用梁间翼缘板有0.5m宽的现浇接头。采用大型浮吊横向整体吊装将会简化施工和加快安装速度。

3)对于先简支后连续的施工方法,通常在简支梁架设时使用临时支座,待连接和张拉后期钢索完成连续时拆除临时支座,放置永久支座。为使临时支座便于卸落,可在橡胶支座与混凝土垫块之间设置一层硫黄砂浆。

4)在梁的反弯点附近设置接头,在有可能的情况下,可在临时支架上进行接头。桥梁上部结构各截面的恒载内力根据各施工阶段进行内力叠加计算。

四、桥梁上部结构悬臂施工技术

1.悬臂拼装施工

(1)概述

悬臂拼装施工包括块件的预制、运输、拼装及合龙。它与悬浇施工具有相同的优点,不同之处在于悬拼以吊机将预制好的梁段逐段拼装。此外还具备以下优点:梁体的预制可与桥梁下部构造施工同时进行,平行作业缩短了建桥周期;预制梁的混凝土龄期比悬浇法的长,从而减少了悬拼成梁后混凝土的收缩和徐变;预制场或工厂化的梁段预制生产利于整体施工的质量控制。

(2)悬拼法施工方法

1)梁段预制方法分长线法及短线法。

2)长线法,组成梁体的所有梁段均在固定台座上的活动模板内浇筑且相邻段的拼合面应相互贴合浇筑,缝面浇筑前涂抹隔离剂,以利脱模。优点是由于台座固定可靠,成桥后梁体线性较好,缺点是占地较大,地基要求坚实,混凝土的浇筑和养护移动分散。

3)短线法,梁段在固定台座能纵移的模内浇筑。待浇梁段一端设固定模架,另一端为已浇梁段(配筑梁段),浇毕达到强度后运出原配筑梁段,如此周而复始,台座仅需3个梁段长。优点是场地较小,浇筑模板及设备基本不需要移机,可调的底、侧模便于平竖曲线梁段的预制,缺点是精度要求高,施工要求严,施工周期相对较长。

4)长线法施工工序:预制场、存梁区布置→梁段浇筑台座准备→梁段浇筑→梁段吊运存放、修整→梁段外运→梁段吊拼。

2. 梁段的拼接施工

(1)0号块梁段

为了确保连续梁分段悬拼施工的平衡和稳定,常将T构支座临时固结,必要时在墩两侧加设临时支架以满足悬拼的施工需要。

(2)1号块梁段

1号块梁段是紧邻0号块梁段两侧的第一箱梁节段,也是悬拼T构桥的基准梁段,是全跨安装质量的关键,一般采用湿接缝连接。湿接缝拼装梁段施工程序包括:吊机就位→提升、起吊1号块梁段→安设铁皮管→中线测量→丈量湿接缝的宽度→调整铁皮管→高程测量→检查中线→固定1号块梁段→安装湿接缝的模板→浇筑湿接缝混凝土→湿接缝养护、拆模→张拉预应力筋→下一梁段拼装。

(3)其他梁段拼装

采用胶接缝拼装,拼装施工程序包括:吊机就位起吊梁段→初步定位试拼→检查并处理管道接头→移开梁段→穿临时预应力筋入孔→接缝面上涂胶接材料→正式定位、贴紧梁段→张拉临时预应力筋→放松起吊索→穿永久预应力筋→张拉预应力筋后移挂篮→下一梁段拼装。

3. 预制梁块悬臂拼装时应注意的要点

(1)梁段的存放场地应平整,承载力应满足要求,支垫位置应与吊点一致。

(2)预制梁块的测量要求:箱梁基准块出坑前必须对所有梁块进行测量,详细记录,并根据其在桥上的设计位置进行校正;箱梁标高控制点和挠度观测点,在箱梁顶面埋置4~6个;在预制梁段上标出梁号、中轴线、横轴线。

(3)预制块件的悬臂拼装可依据设备和现场条件选用。若方便在陆地上或在便桥上施工时,可采用自行式吊车、门式吊车进行拼装;对于水中桥跨,可采用水上浮吊进行安装;对于高墩身的桥跨,可利用各种吊机进行高空悬拼施工。

(4)桥墩顶梁段及桥墩顶附近梁段施工时,可采用托架或膺架为支架就地浇筑混凝土。托架或膺架应经过设计,计算其弹性及非弹性变形。

(5)应保证拼装的第一个梁块(基准块)的预制精度,安装时应对纵、横轴线、高程进行精确定位测量,为以后的拼装创造条件。

(6)采用悬臂拼装法修建预应力悬臂梁桥时,应先将梁、墩临时锚固或在墩顶两侧设立临时支承,待全部块件安装完毕后,再撤除临时锚固或支承。

(7)采用悬臂吊机、缆索、浮吊悬拼安装时,应按施工荷载进行强度、刚度、稳定性验算,使安全系数大于2.0。

(8)采用胶接缝拼装的块件,涂胶前应就位试拼。胶黏剂一般采用环氧树脂,使用前应经过试验,符合设计要求方可使用。

(9)湿接缝块件应待混凝土强度达到设计强度等级的70%以上时(设计文件如有要求,则按设计文件要求处理,但不能低于设计强度等级的70%),才能张拉预应力束。

(10)体系转换应按设计顺序进行。

4.悬臂浇筑施工法

(1)概述

适用于大跨径的预应力混凝土悬臂梁桥、连续梁桥、T形刚构桥、连续刚构桥。其特点是无须建立落地支架,无须大型起重与运输机具,主要设备是一对能行走的挂篮。

(2)施工准备

1)挂篮设计及加工:挂篮是悬浇箱梁的主要设备,它是沿着轨道行走的活动脚手架及模板支架。国内外现有的挂篮按结构形式可分为桁架式、三角斜拉带式、预应力束斜拉式、斜拉自锚式;按行走方式可分为滑移式和滚动式;按平衡方式可分为压重式和自锚式。对某一具体工程,应根据梁段分段情况,根据对挂篮的质量、要求承受荷载及施工经验对挂篮进行认真详细的设计。除必须满足强度、刚度、稳定性要求外,还要使其行走、锚固方便可靠,质量不大于设计规定。挂篮由主桁架、锚固、平衡系统及吊杆、纵横梁等部分组成,由工厂或现场根据挂篮设计图纸精心加工而成。挂篮试拼后,必须进行荷载试验。

2)0号、1号块的施工:挂篮是利用已浇筑的箱梁段作为支撑点,通过桁架等主梁系统、底模系统,人为创造一个工作平台。对于0号、1号块挂篮没有支撑点或支撑长度不够,需采用其他方式浇筑。一般采用扇形托架浇筑。扇形托架可用万能杆件、贝雷片或其他装配式杆件组成,托架可支撑在桥墩基础承台上或墩身上。托架除了满足承重强度要求外,还要具有一定的刚度,各连续点应连接紧密,螺栓旋紧,以减少变形,防止梁段下沉和裂缝。

3)临时固结:对于连续箱梁,梁与墩未固结在一起,施工时,两侧悬浇施工难以保持绝对平衡,必须在施工中采取临时固结措施,使梁具有抗弯能力。临时固结一般采用在支座两侧临时加预应力筋,梁和墩顶之间浇筑临时混凝土垫块。将梁固结在桥墩上,使梁具有一定的抗弯能力。在条件成熟时,再采用静态破碎方法,解除固结。

（3）悬臂浇筑施工中应注意要点

1）主梁各部分的长度应充分考虑主梁的形式、跨径、墩宽、挂篮的形式以及施工周期来确定。0号块梁段长度一般为5~20m,悬浇分段长度一般为3~5m。

2）桥墩顶梁段及桥墩顶附近梁段施工时,可采用托架或膺架为支架就地浇筑混凝土。托架或膺架应经过设计,计算弹性及非弹性变形。

3）在梁段混凝土浇筑前,应对挂篮（托架或膺架）、模板、预应力筋管道、钢筋、预埋件、混凝土材料、配合比、机械设备、混凝土接缝处理情况进行全面检查,经确认后方可浇筑。

4）悬臂施工过程中,若梁身与墩身采用非刚性连接,为保证结构的稳定性,悬臂梁桥和连续梁桥应实施0号块梁段与桥墩间临时固结支承措施;对于刚性连接的T形刚构、连续刚构梁,因结构本身已具有一定的抗弯能力,可根据设计和施工要求在墩旁架设临时托架等方法进行施工。

5）挂篮安装时应保证安全、稳定、可靠。

6）桥墩两侧梁段悬臂施工进度应对称、平衡,实际不平衡偏差不超过设计要求值。设计无要求时,其两端允许的不平衡质量最大不得超过一个梁段的底板自重。

第四节　下部结构施工

一、明挖扩大基础施工技术

明挖基础是将基础底板设在直接承载地基上,来自上部结构的荷载通过基础底板直接传递给承载地基。其施工方法通常采用明挖方式进行,是一种直接敞坑开挖,就地浇筑的浅基础形式。由于其施工简便,造价低,因此只要在地质和水文条件许可的情况下,都应优先选用此种施工方法。

明挖基础适用于无水、少水或浅水河流处的基础工程,可采用人工开挖或机械开挖。明挖基础施工中,需重点解决的问题是敞坑边坡的稳定及开挖过程中的排水。

明挖基础适用于浅层土较坚实,且水流冲刷不严重的浅水地区。施工中坑壁的稳定性是必须特别注意的问题。由于它的构造简单,埋深小,施工容易,加上可以就地取材,故造价低廉,被广泛用于中小桥涵及旱桥。中国的赵州桥就是在亚黏土地基上采用了这种桥基。

明挖基础也称扩大基础,是由块石或混凝土砌筑而成的大块实体基础。其埋置深度可较其他类型基础浅,故为浅基础。由于它的构造简单,所用材料不能承受较大的拉应力,故基础的厚宽比要足够大,使之形成所谓的刚性基础,受力时不致产生挠曲变形。为了节省材料,这类基础的立面往往砌成台阶形,平面根据墩台截面形状而采用矩形、圆形、T形或多边形等。建造这种基础时多用明挖基坑的方法施工。在陆地开挖基坑时,将视基坑深浅、土质好坏和地下水位高低等因素来判断是否采用坑壁支护结构衬板或板桩。在水中开挖,则应先筑围堰。

明挖基础施工的主要内容包括基础的定位放样、基坑开挖、基坑排水、基底处理以及砌筑(浇筑)基础结构物等。

(一)基础的定位放样

在基坑开挖前,先进行基础的定位放样工作,以便正确地将设计图纸上的基础位置、形状和尺寸在实地标定出来,准确地设置到桥址上。放样工作是根据桥梁中心线与墩台的纵、横轴线、推出基础边线的定位点,再放线画出基坑的开挖范围。基坑各定位点的高程及开挖过程中的高程检查,一般采用水准测量的方法进行。

明挖基坑的放样程序为:施工前,放出基坑顶挖土线的位置和尺寸;当挖土高程达到设计基础底高程时(当采用机械挖土时,最后 0.1~0.2m 的土由人工挖除),再精确测放出基础平面尺寸和砌筑高度。

(二)基坑开挖

基坑开挖的主要工作有挖掘、出土、支护、排水、防水、清底及回填等。施工时,应根据地质条件、水文条件、基坑开挖深度、开挖所采用的方法和机具等,采用不同的开挖工艺。

基坑在开挖前通常需完成下列准备工作:施工场地的清理,地面水的排除,临时道路的修筑,供电与供水管线的敷设,临时设施的搭建,基坑的放线等。施工场地的清理包括拆除房屋、古墓,拆迁或改建通信设备、电力设备、上下水道及其他建筑物,迁移树木等工作。场地内低洼地区的积水必须排除,同时应注意雨水的排除,使场地保持干燥,以便基坑开挖。

地面水的排除一般采用排水沟、截水沟、挡水土坝等设施。应尽量利用自然地形来设置排水沟,将水直接排至基坑外或流向低洼处,再用水泵抽走。主排水沟最好设置在施工区域的边缘或道路的两旁,其横断面和纵向坡度应根据最大流量确定。在基坑开挖过程中,要注意保持排水沟畅通,必要时应设置涵洞。基坑开挖时应注意以下事项。

(1).基坑开挖对邻近建筑物或临时设施有影响时,应提前采取安全防护措施。

(2).基坑顶面应提前做好地面防水、排水设施。

(3).基坑开挖时,不得采用局部开挖深坑或从底层向四周掏土。

(4).基坑顶有动荷载时,坑口边缘与动荷载间的安全距离应根据基坑深度、坡度、地质和水文条件及动荷载大小等情况确定,且不应小于 1.0m。

(5).在土石松动地层或粉砂、细砂层中开挖基坑时,应先做好安全防护措施;土质松软层基坑开挖时必须进行支护。

(6).基坑开挖时应观测坡面稳定情况。当发现坑沿顶面出现裂缝、坑壁松塌或遇涌水、涌砂时,应立即停止施工,加固处理后方可继续施工。

1. 土方边坡及其稳定

（1）土方边坡

为了防止塌方，保证施工安全，在开挖深度超过一定限度时，均应在其边沿做成一定坡度的边坡。土方边坡坡度以其高度 H 与宽度 B 之比表示。根据各层土质及土体所受的压力，土方边坡可做成直线形、折线形和台阶形。合理地选择基坑边坡形式是减少土方量的有效措施。

（2）边坡的稳定

基坑边坡的稳定主要由土体内土颗粒之间的摩擦阻力和内聚力，使土体具有一定的抗滑力来保持。当土体的下滑力大于抗滑力时，边坡就会失去稳定而发生滑动。这种滑动一般在一定范围内表现为整体沿某一滑动面向下和向外移动。一旦失去平衡，土体就会塌方，不仅会造成人身安全事故，影响工期，有时还会危及邻近建筑物的安全。

基坑边坡的失稳往往是在外界不利因素影响下触发和加剧的。这些外界不利因素往往会导致土体剪应力的增加或抗剪强度的降低。

引起土体剪应力增加的因素主要有：坡顶上堆积物、行车等荷载；雨水或地面水渗入土中，使土中的含水量增加，而造成土的自重增加；地下水的渗流会产生一定的动水压力；土体竖向裂缝中的积水会产生侧向静水压力；边坡过陡，土体本身稳定性不够。

引起土体抗剪强度降低的因素主要有：土质本身较差或因气候影响而使土质松软；土体内含水量增加使土体内聚力降低，产生润滑作用；饱和的细砂、粉砂因受震动而液化等。

2. 基坑开挖方式

基坑开挖方式与基础的埋置深度、地质土的性质、施工周期的长短有关，可分为直立壁开挖、放坡开挖、支护开挖。基坑开挖方式按基坑所处的环境可分为陆地基坑开挖和水中基础的基坑开挖两种。

（1）陆地基坑开挖

陆地基坑开挖主要以施工机械为主，局部采用人工配合。常用的机械多为位于坑顶的由吊机操纵的挖土斗、抓土斗等；遇开挖工作量特别大的基坑，还常用铲式挖土机、铲运机、倾卸车等。桥梁墩台基坑采用机械挖土，距基底设计标高约 0.3m 厚的最后一层土，需用人工来挖除、修整，以保证地基土结构不受破坏。

基坑应避免超挖，已经超挖或松动部分，应将松动部分清除。挖至标高的土质基坑不得长期暴露、扰动或浸泡，应及时检查基坑尺寸、高程、基底承载力，符合要求后，应立即砌筑基础。

如基坑开挖后坑壁能保持稳定不坍塌，可不加支护。但实际上因坑深土松，甚至还有地下水或坑顶荷载，故需要进行支护。基坑围护的形式与土质及地下水的高低有着密切关系。基坑开挖过程中，根据土质条件和水位情况对坑壁可采用无支护或有支护的开挖方法。

1）无支护基坑

当基坑较浅、地下水位较低或渗水量较少，不影响坑壁稳定时，坑壁可不加支护。采用垂直开挖和放坡开挖两种施工方法,将坑壁挖成竖直或斜坡形。竖直坑壁只适宜在岩石地基或基坑较浅又无地下水的硬黏土中采用。在一般土质条件下开挖基坑时,应采用放坡开挖的方法。

基坑开挖的深度一般稍大于基础埋深,视对基底处理的要求而定。基坑尺寸要比基底尺寸每边扩大 0.5~1.0m,以便设置排水沟及支立模板和砌筑等工作的开展。

基坑坑壁坡度应按地质条件、基坑深度、施工方法等情况确定。

当土的湿度较大可能引起坑壁坍塌时,坑壁坡度应适当放缓。

基坑开挖时,基坑顶面应设置防止地面水流入基坑的设施;基坑顶面有动荷载时,其边缘与动荷载之间应留有大于 1.0m 宽的护道。当工程地质和水文条件不良或动荷载较大时,应加宽护道或采取加固措施,以增强边坡的稳定性。当基坑深度大于 5m 时,可将坑壁坡度适当放缓或加设平台。

2)有支护基坑

当地下水位高于基底且渗透量大,影响坑壁稳定;坡度不宜保持,放坡开挖工作量过大,不符合多、快、好、省的要求;基坑较深,土方量大,施工期较长;受施工场地限制或邻近有建筑物,不能采用放坡开挖时,可采用坑壁支护进行加固施工。

加固坑壁常用的支护形式有:挡板支撑、混凝土护壁(喷射或支模现浇)支撑、板桩墙支撑和地下连续壁支撑等。

①挡板支撑

挡板支撑适用于开挖面积不大、地下水位较低、挖基深度较小的基坑,适用于中,小桥和涵洞基坑开挖。

挡板支撑形式可分为竖挡板式坑壁支撑、横挡板式坑壁支撑、框架式支撑,其他形式的支撑(如锚桩式、斜撑式或锚杆式支撑)。

②喷射混凝土护壁支撑

喷射混凝土护壁支撑宜用于土质较稳定,渗水量不大,深度小于 10m,直径为 6~12m 的圆形基坑。对于有流砂或淤泥夹层的土质,也有使用成功的实例。

喷射混凝土护壁支撑的基本原理是以高压空气为动力,将搅拌均匀的砂、石、水泥和速凝剂干料由喷射机经输料管吹送到喷枪。在通过喷枪的瞬间加入高压水进行混合,自喷嘴射出而喷射在坑壁上,形成环形混凝土护壁结构,以承受土压力。

喷射混凝土护壁支撑的施工特点是:在基坑开挖限界内,先向下挖一段土,随即用混凝土喷射机喷射一层含速凝剂的混凝土(速凝剂掺入量可为水泥用量的 3%~4%),以保护坑壁,然后向下逐段挖深喷护。每段一般为 0.5~1.0m,视土质情况而定。

喷护基坑的直径为 10m 左右,挖深一般不超过 10m。砂土类、黏土类、粉土及碎石土的地质均可使用。喷射混凝土的厚度依地质情况和有无渗水而不同,可取 3~8cm(碎石类土,无渗水)至 10~15cm(砂类土、无渗水)。对于有少量渗水的基坑,混凝土应适当加厚 3cm 左右。喷层厚度可按静水压力计算,设坑壁为圆形,截面均匀受力计算强度。

采用喷射混凝土护壁支撑的基坑，无论基础外形如何，均应采用圆形，以改善坑壁受力状态。但是地质稳定，挖深在 5m 以内时，也可按基础的矩形开挖。

③现浇混凝土围圈护壁支撑

采用现浇混凝土围圈护壁支撑时，基坑应自上而下分层垂直开挖，开挖一层后随即灌注一层混凝土壁。为防止已浇筑的围圈混凝土因施工时失去支承而下坠，顶层混凝土应一次整体浇筑，以下各层均间隔开挖和浇筑，并将上、下层混凝土纵向接缝错开。开挖面应均匀分布、对称施工，及时浇筑混凝土壁支护，每层坑壁无混凝土壁支护的总长度应不大于周长的一半。分层高度以垂直开挖面不坍塌为原则，一般顶层高 2m 左右，以下各层高 1~1.5m。围圈混凝土应紧贴坑壁土灌注，不用外模。内模可制成圆形或内接多边形。施工中注意使层、段间各接缝密贴，防止其间夹有泥土、浮浆等影响围圈的整体性。和喷射混凝土护壁一样，围圈护壁要防止地面水流入基坑，避免在坑顶周围土的破坏棱体范围内有不均匀附加荷载。

目前，也有采用混凝土预制块分层砌筑来代替就地灌注混凝土围圈的情况。它的优点是省去现场混凝土灌注和养护时间，使开挖和支护砌筑连续不间断地进行，且围圈混凝土质量容易得到保证。

④板桩墙支撑

当基础平面尺寸较大，深度较大，基坑底面标高低于地下水位且渗水量较大时，可用防渗性能较好的板桩墙做支撑，以维护坑壁的稳定性。

木板桩在打入砂砾土层时，桩尖应安装铁桩靴。钢板桩由于强度大，能穿过较坚硬的土层，锁口紧密不易漏水，还可焊接加长重复使用，所以应用较广。

（2）水中基础的基坑开挖

桥梁墩台基础大多位于地表水位以下，有时水流还比较大，而施工时都希望在无水或静止水条件下进行。桥梁水中基础最常用的施工方法是围堰法。在开挖前，必须首先在基坑外围修筑一道临时挡水结构物即围堰，把围堰内的水排干后，再开挖基坑修筑基础。如排水困难，也可在围堰内进行水下挖土，挖至预定高程后灌注水下封底混凝土，然后再抽干水继续修筑基础。

围堰的作用主要是防水和围水，有时还起着支撑施工平台和基坑坑壁的作用。公路桥梁常用的围堰类型有土围堰、草（麻）袋围堰、钢板桩围堰、套箱围堰。围堰的结构形式和材料应根据水深、流速、地质情况以及通航要求等条件确定。但不论采用哪种围堰，均需满足以下要求。

1）围堰顶面的高程宜高出施工期间可能出现的最高水位（包括浪高）0.5~0.7m，用于防御地下水的围堰宜高出水位或地面 0.2~0.4m。

2）围堰的外形应适应水流排泄，大小不应压缩流水断面过多，以免壅水过高而危害围堰安全，以及影响通航、导流等。围堰内形应适应基础施工的要求，并留有适当的工作面积。堰身断面尺寸应保证有足够的强度和稳定性，以使基坑开挖后围堰不致发生破裂、滑动或倾覆。

3）围堰应防水严密，尽量采取措施防止或减少渗漏，以减轻排水工作。对围堰外围边坡的冲刷和筑围堰后引起的河床冲刷，均应有防护措施。

4）围堰施工一般应安排在枯水期进行。

常用的围堰类型如下。

①土围堰和草（麻）袋围堰

土围堰用在水深 1.5m 以内，流速在 0.5m/s 以下，河床土层不透水或渗水较小的情况。土围堰宜用黏性土或砂夹黏土填筑，断面一般为梯形。

在填筑土围堰之前，应先清理河床上的块石、树枝等杂物，否则可能造成局部渗漏而使堰堤穿孔。

若围堰外流速较大，为保证堰堤不被冲刷，可用草（麻）袋盛土码砌于堰堤边坡，即为草（麻）袋围堰。

此外，还可用竹笼片石围堰和木笼片石围堰作水中围堰。其结构由内、外两层装片石的竹（木）笼和中间填的黏土芯墙组成。黏土芯墙厚度不应小于 2m。为避免片石笼对基坑顶部压力过大，并在必要时变更基坑边坡留有余地，竹（木）笼片石围堰内侧一般应距基坑顶缘 3m 以上。

②钢板桩围堰

钢板桩强度大，防水性能好，穿透力强，不但能穿过砾石、卵石层，也能切入软岩层和风化层，一般在河床水深为 4~8m，且为较软岩层时最适用。堰深一般为 20m 以内。若堰深大于 20m，则板桩应适当接长。

钢板桩围堰的平面形状有圆形、矩形和圆端形，施工中结合具体情况选用。在桥梁深基础施工中多用圆形围堰，其受力理想，支撑结构最简单，但占河道面积大。浅基坑多用矩形围堰，其占河道面积小，但受水流冲击力大。

钢板桩围堰施工的基本程序是：施工准备、导框安装、插打与合龙、抽水堵漏及拔桩整理等。

在施工准备过程中，应进行钢板桩的检查、分类、编号，以及钢板桩接长和锁口涂油等工作。钢板桩两侧锁口应用一块同型号长度为 2~3m 的短桩做通过试验。若锁口通不过或存在桩身弯曲、扭转、死弯等缺陷，均须加以修整。钢板桩接长应采用等强度焊接的方式。当起吊设备条件许可时，可将 2~3 块钢板桩拼成一组组合桩。

钢板桩可逐块（组）插打到底，或全围堰先插合拢后，再逐块（组）打入。插打顺序宜由上游分两侧插向下游合拢。钢板桩可用锤击、振动或辅以射水等方法下沉，但在黏土中不宜使用射水方法。锤击时应使用桩帽。采用单动气锤和坠锤打桩时，一般锤重宜大于桩重，质量过小的锤效率不高。振动打桩机是目前打钢板桩较好的机具，其既能打桩又能拔桩，操作简便。钢板桩插打完毕后即可抽水开挖。如围堰设计有支撑，应先撑再抽水，并应检查各节点是否定紧等，防止因抽水而发生事故。抽水速度不宜过快，并应随时观察围堰的变化情况，发现问题及时处理。

钢板桩围堰的防渗能力较好,但仍有锁口不密,个别桩入土深度不够或桩尖打裂打卷,以致发生渗漏的情况。若锁口不密漏水,可用棉絮等在内侧嵌塞,同时在外侧撒大量木屑或谷糠自行堵塞。

钢板桩拔除前,应先将围堰内的支撑由上而下陆续拆除,并灌水使内、外水压平衡,解除板桩间的挤压力,并与水下混凝土脱离。拔桩可用拔桩机、千斤顶等设备,也可用墩身做扒杆拔桩。当拔桩确有困难时,可以水下切割。

③钢套箱围堰

钢套箱围堰适用于流速较小,覆盖层较薄,透水性较强的沙砾或岩石深水河床,可用于修筑埋置不深的水中基础,也可用作修建桩基承台。

· 基本构造

钢套箱围堰是利用角钢、工字钢或槽钢等刚性杆件与钢板联结而成的整体无底钢围堰,可制成整体式或装配式,并采取相应措施防止套箱接缝渗漏。

· 就位下沉

钢套箱可在墩台位置处在用脚手架或浮船搭设的平台,上起吊下沉就位。下沉套箱前,应清除河床表面障碍物。随着套箱的下沉,逐步清除河床土层,直至设计标高。当套箱位于岩层上时,应整平基层。若岩面倾斜,则应根据潜水员探测的资料,将套箱底部做成与岩面相同的倾斜度,以增加套箱的稳定性,并减少渗漏。

· 清基封底

套箱下沉就位后,先由潜水员将套箱脚与岩面间空隙部分的泥沙软层清除干净,然后在套箱脚堆码一圈沙袋,作为封堵砂浆的内模。由潜水员将1:1水泥砂浆轻轻倒入套箱壁脚底与沙袋之间,防止清基时砂砾涌入套箱内。

(三)基坑排水

基坑如在地下水位以下,随着基坑的下挖,渗水将不断涌入基坑。施工过程中必须不断地排水,以保持基坑干燥,制造旱地施工条件,便于基坑挖土与基础的砌筑和养护。目前常用的基坑排水方法有表面排水和井点法降低地下水位两种。

1. 表面排水

表面排水是最简单,也是应用最为普遍的方法。在基坑整个开挖过程及基础砌筑和养护期间,在基坑四周开挖集水沟汇集坑壁及基底的渗水,将其引向一个或数个比集水沟更深的集水坑。集水沟和集水坑应设在基础范围以外。在基坑每次下挖以前,必须先挖集水沟和集水坑。集水坑的深度应大于抽水机吸水龙头的高度,以保证吸水龙头的正常工作。在吸水龙头上套竹筐围护,以防止土石堵塞龙头。

这种排水方法设备简单,费用低,适用于岩石及碎石类土,也适用于渗水量不大的黏性土基坑。

由于抽水会引起流砂现象,造成基坑破坏或坍塌,因此当地基土为饱和粉细砂土等黏聚力较小的细粒土层时,应避免采用表面排水法。

2. 井点法降低地下水位

井点法适用于地下水位较高,有承压水,挖基较深,坑壁不稳定的粉质土、粉砂类土、细砂类土土质基坑。根据使用设备的不同,井点主要有轻型井点、喷射井点、电渗井点和深井泵井点等多种类型,可根据土的渗透系数、要求降低水位的深度及工程特点选用。

轻型井点降水布置即在基坑开挖前预先在基坑四周打入(或沉入)若干根井点管,井点管下端 1.5m 左右为过滤管,过滤管上钻有若干直径约 2mm 的滤孔,外面用过滤层包扎。

各个井点管用集水总管连接并抽水。井点管两侧一定范围内的水位逐渐下降,各个井点管相互影响就形成了一个连续的疏干区。在整个施工过程中应保持不断抽水,以保证在基坑开挖和基础砌筑的整个过程中基坑始终保持无水状态。

轻型井点降水的特点是井点管范围内的地下水不从基坑四周边缘和底面流出,而是以相反的方向流向井点管,因而可以避免发生流砂和边坡坍塌现象,流水压力对土层还会有一定的压密作用。在过滤管部分包有铜丝过滤网,以免带走过多的土粒而引发土层潜蚀现象。

3. 帷幕法排水

帷幕法是在基坑边线外设置一圈隔水幕,用以隔断水源,减少渗流水量,防止流砂、突涌、管涌、潜蚀等地下水的作用。其方法有深层搅拌桩隔水墙法、压力注浆法、高压喷射注浆法、冻结帷幕法等,采用时均应进行具体设计并符合有关规定。

(四)基底检验及处理

1. 基底检验

基础是隐蔽工程。基坑开挖至设计标高后,在基础浇筑前应按规定对基底进行检验,以确定其是否符合设计要求。

基底检验的主要内容应包括:检查基底的平面位置,尺寸大小、基底标高是否与原设计相符,检查基底地质情况和承载力是否与设计相符,检查基底处理及排水情况是否与施工设计规范相符。

2. 基底处理

天然地基上的浅基础是直接靠基底土来承受荷载的,故基底土质状态的好坏对基础和墩台结构的影响极大。所以基底检验合格后,即要进行基底处理工作。

基底处理应根据地基土的种类、强度和密度,按照设计要求并结合现场情况,采取相应的处理方法。基底处理的范围至少应超出基础之外 0.5m。符合设计要求的细粒土、特殊土基底,修整妥善后应尽快修建基础,不得使基底浸水和长期暴露。

基底处理方法视基底土质而异,一般对细粒土及特殊土地基、粗粒土和巨粒土地基、岩层地基、多年冻土地基、溶洞地基、泉眼地基进行相应的基底处理。

(五)基础圬工浇筑

基础砌筑可分为以下三种:无水砌筑、排水砌筑和水下灌注。为了方便施工和保证质量,基础的砌筑应尽可能在干燥无水的状况下进行。当基坑渗漏很小时,可采用排水砌筑。只有当渗水量很大、排水困难时,才采用水下灌注混凝土的方法。基础圬工用料应在挖基完成前准备好,以保证及时砌筑基础,避免基底土质变差。

排水砌筑施工时,应确保在无水状态下砌筑圬工,禁止带水作业及用混凝土将水赶出模板外的灌注方法。基础边缘部分应严密隔水,水下部分圬工必须待水泥砂浆或混凝土终凝后才允许浸水。

基础圬工的水下灌注分为水下封底和水下直接灌注基础两种。

1. 水下混凝土封底再排水砌筑圬工

当坑壁有较好的防水设施(如钢板桩护壁等),但基坑渗漏严重时,可采用水下灌注混凝土封底的方法。待封底混凝土达到强度要求后排水,清除封底混凝土面浮浆,冲洗干净后再砌筑基础圬工。

水下封底混凝土应在基础底面以下。封底只能起封闭渗水的作用,封底混凝土只能作为地基,而不能作为基础。因此,封底混凝土不得侵占基础厚度。水下封底混凝土层的最小厚度由以下条件控制:当围堰作业已封底并抽干水后,板桩同封底混凝土组成一个浮筒,该浮筒的自重应能保证其不浮起;同时,封底混凝土作为周边简支的板,在基底面上水压力的作用下,不致因向上挠曲而折裂。封底混凝土的最小厚度一般为 2.0m 左右。

2. 水下直接灌注混凝土

当今桥梁基础水下混凝土灌注施工中广泛采用的是直升导管法。混凝土经导管输送至坑底,并迅速将导管下端埋没。随后混凝土不断地被输送到被埋没的导管下端,从而迫使先前输送但尚未凝结的混凝土向上和向四周推移。随着基底混凝土的上升,导管也缓慢地向上提升,直至达到要求的封底厚度时停止灌入混凝土并拔出导管。当封底面积较大时,宜用多根导管同时或逐根灌注,按先低处后高处,先周围后中部的次序并保持大致相同的标高进行,以保证混凝土充满基底全部范围。导管的有效作用半径依混凝土的坍落度大小和导管下口超压力的大小而异。

在正常情况下,所灌注的水下混凝土仅其表面与水接触,其他部分的灌注状态与空气中的灌注状态无异,从而保证了水下混凝土的质量。至于与水接触的表层混凝土,可在排干水外露时予以凿除。

采用直升导管法灌注水下混凝土时,应注意以下几个问题。

(1)导管应试拼装,球塞应试验通过。施工时严格按试拼时的位置安装。导管试拼后,应封闭两端,充水加压,检查导管有无漏水现象。导管各节的长度不宜过大(一般为1.0~2.0m),联结应可靠而又便于装拆,以保证拆卸时中断灌注时间最短。

(2)为使混凝土具有良好的流动性,粗集料粒径以 2~4cm 为宜。坍落度应采用18~20cm,一般倾向于采用较大值。水泥用量比空气中同等级的混凝土增加 20%。

(3)必须保证灌注工作的连续性,无论在任何情况下均不得使灌注工作中断。在灌注过程中,应经常测量混凝土表面的标高,正确掌握导管的提升量。导管下端务必埋入混凝土内,埋入深度一般不应小于 0.5m。

（4）水下混凝土的流动半径，主要由混凝土的质量、水头的大小、灌注面积的大小、基底有无障碍物以及混凝土拌和机的生产能力等因素决定。通常流动半径在 3~4m 范围内就能够保证封底混凝土的表面不会有较大的高差，并具有可靠的防水性。只要处理得当，就可以保证封底混凝土的防水性能。

浇筑基础时，应做好与台身、墩身的接缝联接，一般要求为以下几点。

1）对于混凝土基础与混凝土墩身，台身的接缝，周边应预埋直径不小于 16mm 的钢筋或其他铁件，埋入与露出的长度不应小于钢筋直径的 20 倍。

2）对于混凝土或浆砌片石墩身、台身的接缝，应预埋片石。片石厚度不应小于 15cm，片石的强度要求不低于基础或墩身、台身混凝土或砌体的强度。

当墩台基础砌筑完毕后，应检验其质量和各部位尺寸是否符合设计要求。如无问题，即可进行基坑回填。基坑宜用原土或好土及时回填，每层回填厚度不大于 30cm，并应分层夯实。

二、钻孔灌注桩基础施工技术

钻孔灌注桩是指采用不同的钻（挖）孔方法在土中形成一定直径的井孔，达到设计高程后将钢筋骨架（笼）吊入井孔中，再灌注混凝土形成桩基础。

1. 钻孔方法和机具设备

钻孔灌注桩施工的关键是钻孔。钻孔方法可归纳为如下三种类型。

（1）冲击法：用冲击钻机或卷扬机带动冲锥，借助锥头下落产生的冲击力，反复冲击、破碎土石或把土石挤入孔壁中，用泥浆浮起钻渣，或用抽渣筒、空气吸泥机将钻渣排出而形成钻孔。

（2）冲抓法：冲抓锥依靠自重产生冲击力，切入土层或破碎土层，叶瓣抓土、弃土以形成钻孔。

（3）旋转法：用钻机通过钻杆带动锥或钻头旋转切削土壤，用泥浆浮起钻渣并将其排出而形成钻孔。

以上各种方法因动力与设备功能的不同而分为多种。

2. 钻孔灌注桩的施工工艺流程

钻孔灌注桩施工因成孔方法的不同和现场情况各异，施工工艺流程不会完全相同。在施工前要安排好施工计划，编制具体的工艺流程图，作为安排各工序施工操作和进度的依据。

当同时有几个桩位施工时，要注意相互间的配合，避免干扰，并尽可能做到均衡使用机具与劳动力，既要抓紧新钻孔的施工，又要做好已成桩的养护和质量检验工作。

钻孔灌注桩施工的主要工序包括：准备场地、埋设护筒、制备泥浆。钻孔、清底钢筋笼制作与吊装以及灌注混凝土等。下面就其要点做简略介绍。

（1）准备场地

钻孔前要进行准备场地工作，其内容包括：场地为旱地时，应清除杂物，换除软土，整平、夯实；场地为陡坡时，可用枕木、型钢等搭设工作平台；场地为浅水时，宜采用筑岛施工、筑岛面积应根据钻孔方法、设备大小等要求确定；场地为深水或淤泥层较厚时，可搭设工作平台。平台必须牢固、稳定，能承受工作时所有的静、动荷载，并保证施工机械能安全进出。

如水流平稳、水位升降缓慢，全部可在船舶或浮箱上进行，但必须锚固稳定、桩位准确。如流速较大，但河床可以整理平顺，可采用钢桩或钢丝网水泥薄壁浮式沉井，就位后准水下沉至河床，然后在其顶部搭设工作平台，在其底部安设护筒，在某些情况下，可在钢板桩围堰内搭设钻孔平台。

（2）埋设护筒

钻孔成功的关键是防止孔壁坍塌。当钻孔较深时，地下水位以下的孔壁土在静水压力下会向孔内坍塌，甚至发生流砂现象。钻孔内若能保持比地下水位高的水头，增加孔内静水压力，就能稳定孔壁，防止坍孔。护筒除可起到这个作用外，还有隔离地表水，保护孔口地面固定桩孔位置和钻头导向等作用。

制作护筒的材料有木、钢、钢筋混凝土三种。护筒要求坚固耐用，不漏水，其内径应比钻孔直径大（比旋转钻约大200mm，比潜水钻。冲击锥或冲抓锥约大400mm），每节长度为2~3m。一般常用钢护筒，其在陆上与深水中均能使用，钻孔完成后可拔出重复使用。其底部和周围一定范围内应夯填黏土，借助黏土压力及其隔水作用保持护筒稳定，保护孔口地面。在深水中埋设护筒时，先打入导向架，再用锤击或振动加压沉入护筒，护筒入土深度应视土质与流速而定。护筒平面位置的偏差不得大于50mm，倾斜度不得大于1%。

（3）制备泥浆

钻孔泥浆由水。黏土（膨润土）和添加剂组成，具有浮悬钻渣，冷却钻头，润滑钻具，增大静水压力，在孔壁上形成泥膜。隔断孔内外渗流，防止坍孔的作用。调制的钻孔泥浆及经过循环净化的泥浆。应根据钻孔方法和地层情况采用不同的性能指标。泥浆稠度应视地层变化或操作要求灵活掌握。泥浆太稀则排渣能力弱，护壁效果差；泥浆太稠，则会削弱钻头的冲击功能，降低钻进速度。

通常采用塑性指数大于25，粒径小于0.002mm，颗粒含量大于50%的黏土，通过泥浆搅料机或人工调和储存在泥浆池内，再用泥浆泵输入钻孔内。泥浆泵应有足够的流量，以免影响钻进速度。

大直径深孔采用正循环旋转法施工时，泥浆泵应经过流量和泵压计算来选择。对孔深百米以内的钻孔，一般可采用不小于2MPa的泵压。

（4）钻机就位

测量放样，在护筒周边放出桩位中心十字线，并用红油作为标志。采用泵吸式反循环成孔工艺成孔。采用钻机本身的动力就位。开始之前注意桩的钻孔和开挖，应在中距5m内的任何混凝土灌桩完成24h后才能开始，以避免干扰邻桩或钻孔过程。钻孔开钻后要连续作业，根据钻孔和地质层合理选择钻进速度；遇地下水后开始向孔内注浆，孔内水头高度保证2m以上。钻头使用三翼圆笼钻锥，用优质泥浆护壁，桩的钻孔应保证各桩之间无影响，成孔前应检查孔的中心位置、垂直度和泥浆指标，钻进过程中要经常检查孔径、垂直度、泥浆指标、垂直度和成孔速度。如有偏差，应及时调整，保证桩基的成孔质量。

（5）成孔

钻孔灌注混凝土桩的成孔方法不胜枚举，至少有几十种。国内常用的有如下方法。

1）正循环旋转法：利用钻具旋转切土体钻进，泥浆泵将泥浆压进泥浆龙头，泥浆通过钻杆中心从钻头处喷入钻孔内，然后挟带钻渣沿钻孔上升，从护筒顶部排浆孔排出至沉淀池。钻渣在此沉淀而泥浆流入泥浆池循环使用。正循环旋转法的特点是钻进与排渣同时连续进行，在适用的土层中钻进速度较快，但需设置泥浆槽、沉淀池等，施工占地面积较大，且机具设备较复杂。

2）反循环旋转法：与正循环旋转法不同的是，泥浆输入钻孔内，然后从钻头的钻杆下口吸进，通过钻杆中心排出至沉淀池内。其钻进与排渣效率较高，但接长钻杆时装卸麻烦，钻渣容易堵塞管路。另外，因泥浆从上向下流动，孔壁坍塌的可能性较正循环旋转法大，为此需用较高质量的泥浆。

3）潜水电钻法：系统旋转电动机及变速装置均经密封后安装在钻头与钻杆之间，潜入水下作业。其特点是钻具简单轻便，易于搬运噪声小，钻孔效率较高，操作条件也有所改善。但钻机在水中工作时较易发生故障。

4）冲抓锥法：冲抓锥不需钻杆，钻进与提锥卸土均较推钻快。由于锥瓣下落时对土层有一股冲击力，故适用的土质较广。但该法不能钻斜孔；钻孔深度超过20m后，其钻孔进度大为降低；当孔内遇到漂石或探头石时，冲抓较困难，需改用冲击锥钻进。

5）冲击锥法：适用于各类土层。实心锥适用于漂、卵石和软岩层，空心锥（管锥）适用于其他土层。在冲击锥下冲时，部分钻渣被挤入孔壁，可起到加强孔壁并增加土层与桩间侧摩阻力的作用。但该法不能钻斜孔；钻普通土层时，进度比其他方法都慢；钻大直径孔时，需采用先钻小孔而后逐步扩孔的方法（分级扩孔法）。

近年来，基岩钻孔技术特别是钻机的进步是令人惊喜的。过去只能用爆破法，高压水射流才可钻进的硬质岩层，现已能够采用机械钻进法，拓宽了钻孔灌注的应用范围。

（6）终孔检查与孔底清理

钻孔的深度、直径、位置和孔形直接关系到成桩质量与桩身曲直。因此，除了钻孔过程中进行密切观测监督外，在钻孔达到设计要求深度后，应对孔深、孔位、孔形、孔径等进行检查。确认满足设计要求后，填写终孔检查记录表。

孔底清理后，要检查泥浆沉淀。对于摩擦桩，当直径小于或等于1.5m时。要求在灌注水下混凝土前沉渣厚度不大于200mm；当直径大于1.5m，长度大于40m或孔壁容易坍塌时，沉渣厚度不大于300mm。对于支承桩，要求沉渣厚度不大于50mm，清孔方法视使用的钻机不同而灵活选用,通常可采用正循环旋转法、反循环旋转法,真空吸泥机以及抽渣筒等清孔。

(7)钢筋骨架的制作、安装、入孔、固定

钢筋骨架采用在场内制作,现场安装分节成形(预留接头钢筋长度),现场用吊车吊起,分节入孔的方法施工。施工中骨架第一节入孔后,用支撑杆固定骨架于井口中心位置,吊起另一节骨架与第一节骨架相接,接头采用电弧焊以单面焊的工艺进行焊接。采用几台电焊机同时搭接单面焊,以减少混凝土浇筑前焊接所占用的时间。放钢筋骨架前,先在孔口加设4根导向钢管,以保证钢筋骨架在吊装过程中尽量对中,不伤孔壁及控制保护层厚度。钢筋骨架就位后,采取四点固定,以防止掉笼和混凝土浇筑时骨架上浮现象发生。支撑系统对准中线以防止钢筋骨架倾斜和移动。在钢筋骨架上焊接控制钢筋骨架与孔壁净距的护壁筋,以确保钢筋骨架在孔中的位置、保护层的厚度。钢筋骨架在孔内的高度位置用引笼拉筋固定在孔口位置的方式进行控制。

(8)灌注钻孔桩水下混凝土

采用导管直升法灌注水下混凝土。

1)导管的形式和连接方法。

导管直径为300~400mm,壁厚4~6mm,中段每节长2000mm,底节做成6000~8000m长,其余节段用1000mm及500mm的管节找零,导管之间采用法兰连接。吊装之前应将导管连接。做水密性试验和接头抗拉试验,保证连接紧密,不漏水。入孔时导管尽量位于孔口中央,导管底端至孔底面距离约为400mm,且导管要进行升降试验,保证不碰撞钢筋骨架。

2)灌注水下混凝土

钢筋骨架入孔校正完毕,导管入孔固定后,经监理工程师验收钢筋工序、孔内沉淀层厚度及泥浆指标后,开始浇筑孔内水下混凝土。

浇筑混凝土前再次检测孔底沉淀层厚度,如大于规范要求,应再次抽渣清孔;混凝土拌合物运至灌注地点时,检查和易性和坍落度,符合要求后方可使用;灌注不得间断。灌注首批混凝土后,导管埋入混凝土中的深度不小于1m。随着混凝土的不断灌注,不断提升导管,始终保持导管在混凝土中的埋置深度为4~6m,灌注的桩顶高程高出设计高程0.5~1.0m,灌注过程中应经常量测孔内混凝土面层的高程,及时调整导管排泄端与混凝土表面的相对位置。并始终严密监视导管在无空气和水进入状态下的填充情况。灌注混凝土时溢出的泥浆应引流至适当地点处理,以防污染。混凝土应连续灌注直至灌注到设计的混凝土顶面,以保证截切面以下的全部混凝土具有优良质量值。

3.钻孔灌注桩基础施工注意事项

(1)钻孔机械就位后,应对钻机及配套设备进行全面检查。

(2)钻机安设必须平稳、牢固,钻架应加设斜撑或缆风绳。

(3)冲击钻孔时,选用的钻锥、卷扬机和钢丝绳等应配置适当;钢丝绳与钻锥用绳卡固接时,绳卡数量应与钢丝绳直径相匹配。

(4)冲击过程中,钢丝绳的松弛度应适宜。正、反循环旋转钻机及潜水钻机使用的电缆线要定期检查，接头必须绑扎牢固，确保不漏水，不漏电；对经常处于水、浆浸泡处应架空搭设。

（5）挪移钻机时，不得挤压电缆线及风水管路。潜水钻机钻孔时，一般在完成一根钻孔桩后要检查一次电动机的封闭状况。钻进速度应根据地质变化加以调整，以保证安全运转。

（6）采用冲抓或冲击钻孔，当钻头提到接近护筒底缘时，应减速平稳提升，不得碰撞护筒和钩挂护筒底缘。

（7）钻孔使用的泥浆宜设置泥浆净化系统。并注意防止或减少环境污染。

（8）钻机停钻后，必须将钻头提出孔外置于钻架上，不得滞留孔内。

（9）对于已埋设护筒但尚未开钻，或已成桩护筒尚未拔除的，应加设护筒顶盖或铺设安全网遮罩。

4. 钻孔事故及处理

常见的钻孔（包括清孔）事故有坍孔、钻孔偏斜、掉钻落物、糊钻、扩孔与缩孔，以及出现梅花孔、卡钻、钻杆折断、钻孔漏浆等。遇到事故时，要冷静分析事故原因，及时果断地采取补救措施。

5. 挖孔灌注混凝土桩

挖孔灌注混凝土桩是用人工和小型爆破，配合简单工具挖掘成孔，灌注混凝土形成桩基，适用于无水或水较少的较实的各类土层。桩径（或边长）不宜小于1.2m，孔深一般不宜超过20m。在实际施工中，挖孔桩有一定的适用范围，其特点是投资少，进度快，可多点同步作业且所需机具设备少，成孔后可直接检查孔内土质状况，基桩质量有可靠保证。对于挖深过大（超过15~20m），或孔壁可能坍塌及渗水量稍大等情况。应慎重选择施工工艺，增加护壁措施，改善通风条件，以确保施工安全。

三、沉井施工技术

在修建负荷较大的建筑结构物时，其基础应该坐落在坚固，有足够承载力的土层上。当这类土层较深、采用天然基础和桩基础受水文地质条件限制时，需用一种就位后上、下开口封闭的结构物来承受上部结构的荷载，这种结构物被称为沉井。

沉井是用混凝土或钢筋混凝土制成的井筒（下有刃脚，以利于下沉和封底）结构物。施工时，先按基础的外形尺寸在基础的设计位置上制造井筒，然后在井内挖土，使井筒在自重（有时需配重）作用下克服土的摩阻力缓慢下沉。当第一节井筒顶下沉接近地面时，再接第二节井筒，继续挖土。如此循环，直至下沉到设计高程。最后浇筑封底混凝土，用混凝土或砂砾石充填井孔，在井筒顶部浇筑钢筋混凝土顶板，即形成深埋的实体基础。

沉井基础既是结构基础，又是施工时的挡土、防水围堰结构物。其埋深大，整体性强，稳定性好，刚度大，能承受较大的上部荷载，且施工设备和施工技术简单，节约场地，所需净空高度小。沉井可在墩位筑岛制造，井内取土后靠自重下沉，也可采用辅助下沉措施，如采用泥浆润滑套、空气幕等方法，以减小下沉时井壁摩阻力和井壁厚度等。刃脚在井壁最下端，形如刀刃，在沉井下沉时起切入土中的作用。井筒是沉井的外壁，在下沉过程中起挡土的作用。沉井下沉过程中，需要有足够的重量克服筒壁与土之间的摩阻力及刃脚底部的土阻力，使沉井能在自重作用下逐步下沉。

目前，国内最大的沉井尺寸为 20.2m×24.9m，深度达 53.5m；国外最大平面尺寸为 64m×75m，深度可达 70m 以上。

沉井基础施工内容如下。

1. 沉井制作

沉井制作方案应根据沉井施工方法确定。在沉井施工前，应详细掌握沉井入土地层及其地基岩石地质资料，并依次制订沉井下沉方案；对洪汛、凌汛、河床冲刷、通航及漂浮物等做好调查研究，并制定必要的安全技术措施，以确保沉井下沉。

沉井制作可分为就地制作沉井、浮式沉井和泥浆润滑套沉井三种方案。

（1）就地制作沉井

沉井位于浅水或可能被水淹没的岸滩时，宜采用筑岛沉井；在无被水淹没可能的岸滩上时，可就地整平夯实制作沉井；在地下水位较低的岸滩，土质较好时可开挖基坑制作沉井。就地制作沉井的方法分为干旱滩岸沉井浇筑法和水中筑岛沉井浇筑法两种。

干旱滩岸沉井浇筑法就是墩台基础位于干旱地而制作沉井，施工时沉井就地下沉。若土质松软，应在进行场地平整并夯实后，在其上铺垫 300~500mm 的砂垫层，并铺以垫木、垫木之间用砂填平，不允许在垫木下垫塞木块、石块来调整顶面高程，以防压重（也称配重）后产生不均匀沉降。

水中筑岛沉井浇筑法适用于水深 3~4m，流速较小的情况。围堰筑岛时，其岛面、平台面和坑底高程应比施工时的最高水位高出 500~700mm，当有流水时还应适当加高。底层沉井的制作工序包括场地平整夯实，铺设垫木。立沉井模板及支撑，钢筋焊扎，浇筑混凝土等。

在支垫上立模制作沉井时，应符合下列要求：支垫布置应满足设计要求，应抽垫方便；支垫顶面应与钢刃脚底面紧贴，使沉井重力均匀分布于各支垫上；模板及支撑应具有足够的强度和较好的刚性。内隔墙与井壁连接处的支垫应连成整体，底模应支承于支垫上，以防不均匀沉陷，外模与混凝土面贴接　侧应平直、光滑。

刃脚部分采用土模制作时，应符合下列要求：刃脚部分的外模应能承受井壁混凝土的重力在刃脚斜面上产生的水平分力：土模顶面的承载力应满足设计要求，一般宜填筑至沉井隔墙底面；土模表面及刃脚底面的地面上均应铺筑一层 20~30mm 的水泥砂浆，砂浆层表面应涂隔离剂；应有良好的防水、排水设施。

由于沉井分节制作，分节沉入土中，故其分节制作的高度应既能保证其稳定，又能产生重力下沉的作用。因此，底节沉井的最小高度应能抵抗拆除垫木或挖去土模（当刃脚为土模时）时的竖向挠曲强度。当挖土条件许可时应尽量高，一般情况下每节高度不宜小于 3m，并应处理好接缝。在沉井接高时，注意使各节沉井的竖向中轴线与第一节沉井重合且外壁应竖直、平整。

（2）浮式沉井

浮式沉井是把沉井底节制造成空体结构，或采取其他方法使之漂浮于水中，用船只拖运到设计位置后逐步用混凝土或水灌注、增大自重，使其在水中徐徐下沉直达河底。这种方法适用于水深流急、筑岛困难的沉井基础。

1）钢丝网水泥薄壁沉井

钢丝网水泥薄壁由骨架，钢丝网、钢筋网和水泥砂浆等组成，由 30mm 钢丝水泥薄壁隔成空腹壳体。入水后能浮于水中；浮运就位后向空腹壳体内灌水，使之下沉落于河床上，再逐格对称地灌注水下混凝土，从而使薄壁空腹沉井变成普通的重力式沉井。钢丝网水泥薄壁沉井由于钢丝网均匀分布在砂浆中，增加了砂浆的内聚力和握裹力，从而提高了砂浆的抗拉强度和韧性，使钢丝网水泥薄壁具有很大的弹性和抗裂性，并能抵抗一定程度的冲击。它具有结构薄而轻，有足够强度和刚度，节省材料，操作简单，可多点平行施工作业且施工时无须模板，可节省模板和支撑等特点。当河流宽度超过 200m 时，可采取半通航措施，用钢丝绳牵引沉井入水，因而浮运就位方法简单，设备简便。

钢丝网水泥薄壁沉井的制作程序如下。

①预制场地的选择。为了保证浮式沉井安全地进行水上浮运，预制场地的选择应结合水下方案综合考虑。

②刃脚踏面大角钢成形。成形可在弯曲机上进行，也可人工弯曲成形，但应注意掌握角钢的翘曲变形，并随时整平。

③沉井骨架的架设。沉井骨架是由刃脚踏面角钢、竖面骨架角钢与内外箍筋焊接而成。

首先焊接刃脚踏面，其次架设竖面骨架，待其就位后，用支撑缆绳予以临时固定，正位后即可加箍筋焊成整体沉井骨架。为了增强角钢刚度，在横隔板及横撑骨架间设置刃脚加撑骨架。

④铺网。铺网工作是沉井制作的关键，要求铺网平整，否则会产生波浪形甚至高低不平，造成抹灰砂浆保护层厚薄不均，使沉井受力不利。铺网时内、外井壁和刃脚部分同时进行。铺刃脚钢丝网时，由刃脚斜面向刃脚立面铺设；铺井壁钢丝网时，由上至下铺设，首先铺内层钢丝网，其次铺纵筋，接着铺横筋，最后铺外层钢丝网。

⑤抹水泥砂浆。当铺网工作结束后，即可进行抹灰作业。抹灰所用水泥宜采用强度等级不小于 42.5 的普通硅酸盐水泥，砂宜采用粗砂或中砂，水泥与砂的配比为 1∶1.5。水灰比为 0.4。抹灰时由下向上进行，先将砂浆从沉井腔内用力向外挤压，直到透过外层钢丝网为止，待砂浆初凝后再抹腔外，并将沉井外壁的外缘面抹光。

2）钢筋混凝土薄壁沉井

钢筋混凝土薄壁沉井的内、外井壁及隔墙均采用钢筋混凝土薄壁轻型结构，具有良好的强度和刚度，刃脚也具有足够抵抗侧土压力的强度。

3）装配式钢筋混凝土薄壁沉井

装配式钢筋混凝土薄壁沉井是近年来采用的一种深水墩基础形式。其沉井分层依次叠装，然后浇筑水下混凝土形成井壁，最后抽水、清基、填芯而成。基本构件由纵贯上下的梯形导杆（4根）、每层1m的井壳（圆头2块、直线段2块）和与井壳等高的支撑梁壳（4块）装配而成。

①梯形导杆：断面呈工字形、外形呈梯形，设于圆头井壳与直线井壳衔接处，长度依层次而异，单元质量约1.8t。在拼装和沉放底层井壳时，梯形导杆起支撑和承重作用；在安装其余层次时，起导向和连接作用，通过导杆将分层安装的各层井壳在浇筑混凝土前连成整体。

②井壳：分圆头和直线段两种，直线段又分为底节和中节。井壳构件高1m，宽1.1m，内外壁厚100mm，中间空腔900mm，内、外壁间设有横隔。井壳不仅是浇筑混凝土的模板，而且是井壁的组成部分。

③支撑梁壳：与井壁等高。宽620mm，设有横隔，在浇筑混凝土时作为模板，浇完混凝土后便形成支撑梁，借以加强抽水时井壁承受水压的能力。

（3）泥浆润滑套沉井

泥浆润滑套沉井是在沉井外壁与土层间设置泥浆隔离层，以减小土体与井壁间的摩擦力，从而可减轻沉井自重，加大下沉速度，提高下沉效率。泥浆润滑套沉井刃脚踏面宽度宜小于100mm，以利于减小下沉时的摩阻力。沉井外壁应做成单台阶形，为防止泥浆通过沉井侧壁而渗透到沉井内，对直径小于8m的圆形沉井，台阶位置在距刃脚底面2~3m处；对面积较大的沉井，台阶位置在底节与第二节接缝处。台阶的宽度应为泥浆套宽度，一般为100~200mm。

2.沉井下沉

沉井下沉是指通过井内除土，清除刃脚正面阻力和沉井内壁阻力后，依靠沉井自重下沉。井内除土方式有排水开挖和不排水开挖。在稳定的土层中，当渗水量不大时，可采用排水开挖使沉井下沉。在有涌水翻砂而不宜采用排水下沉的地层，应采用不排水开挖。不排水开挖采用抓土、吸泥等方法使沉井下沉，必要时辅以压重、高压射水，降低井内水位而减小浮力，增加沉井自重，泥浆润滑套等方法。

（1）拆除垫木

抽垫工作是沉井下沉的开始工作，也是整个沉井下沉工作中极为重要的工序之一。拆除垫木必须在沉井混凝土达到设计强度等级后方可进行。

1）抽垫应分区依次、对称、同步进行。

2）应将井孔内的所有杂物清除干净，准备工作全部就绪后，方可进行抽垫。

3）抽垫时，先挖垫木下的填砂，再抽垫木，垫木宜从外侧抽出。垫木抽出后，应回填土，开始几组可不做回填，当抽出几组垫木出现空当后，即应回填。回填时应分层洒水夯实，每层厚度为200~300mm，但回填料不允许从沉井内或筑岛材料中获取，以防沉井歪斜。回填高度应以最后分配给定位垫木的重量不致压断垫木，以及垫木下土体承压应力不超过岛面极限承压应力为准，必要时可加大回填高度，甚至在隔墙下进行回填，以满足要求。

4）抽垫时定位垫木的位置应按设计确定。若设计无规定，则对于圆形沉井，应安排在周边相隔90°的4个支点上；对于矩形沉井，应对称布置在长边，每边两个。当沉井长、短边的长度之比为2>L/B≥1.5（L为长边长，B为短边长）时，长边两承垫间的距离为0.7L；当比值L/B≥2时，距离为0.6L。

5）当抽垫至垫木的2/3时，沉井下沉较为均匀，下沉量小，回填时间较为充裕，便于较好地抽垫和回填。当继续抽垫时，下沉量逐步加大，回填也较困难，甚至会出现下沉太快以致回填时间不足。

造成垫木压坏或间断的情况。因此，抽垫开始阶段宜缓慢进行，以便有足够的时间充分回填夯实，力求尽量改变最后阶段下沉快、沉降量大、断垫等现象。

（2）井内除土

1）排水开挖下沉

在稳定的土层中，渗水量不大（每平方米沉井面积的渗水量小于1m³/h）时，可采用排水开挖下沉。从地面或岛面开始挖土下沉时，应将抽垫时在刃脚内侧的回填土分层挖去。其开挖顺序原则上与抽垫顺序相同，定位承垫处的土最后挖除。当一层全部挖完后，再挖第二层，如此循环往复。

开挖的方法如下。当土质松软时，分层挖除回填土，沉井逐渐下沉。当沉井刃脚下沉至沉井中部与土面大致平齐时，即可在中部先向下开挖400~500mm，并向四周均匀开挖；距刃脚约1m处时，再分层挖除刃脚内侧的土台。当土质较坚实时，可从中部向下开挖400~500mm，并向四周均匀扩挖，使沉井平稳下沉。当土质坚硬时，可按抽垫顺序分段掏空刃脚。每段掏空后随即回填砂砾，待最后几段掏空并回填后，再分层分次序地逐步挖去回填土，使沉井下沉至岩层。

开挖刃脚下的土体时，可采用跳槽法，即将刃脚周长等分为若干段，每段长约1m，先隔一段挖一段，然后挖去剩余各段，最后挖定位承垫处的岩石。开挖时，下沉速度应根据沉井大小、入土深度、地层情况而定。一般而言，平均下沉速度为0.5~1.0m/d。

2）不排水开挖下沉

不排水开挖下沉的基本要求如下。

①沉井内除土深度应根据土质而定，最深不应低于刃脚2m；土质特别松软时，不应直接在刃脚下除土。

②应尽量加大刃脚对土的压力。当沉井通过粉砂、细砂等松软地层时，不宜以降低沉井内水位从而减小浮力的方法来促使沉井下沉，应保持沉井内水位高于沉井外水位1~2m，以防止流砂现象的发生，其会引起沉井歪斜，增加吸泥工作量。

③除纠正沉井倾斜外，沉井各孔内的土应均匀清除，土面高差不应超过500mm。

④当沉井入土较深，井壁阻力较大时，应根据具体情况采取有效的下沉方法，如采取抓土、吸泥、射水交替联合作业。必要时还需辅以降低沉井内水位，在沉井底放炮震动，或用在沉井顶压重的方法，使沉井下沉至设计高程。

不排水开挖下沉常采用抓土下沉。单孔沉井时,抓斗挖掘井底中央部分的土,形成锅底状。在砂或砾石类土体中,一般当锅底比刃脚低 1~1.5m 时,沉井即可靠自重下沉,并将刃脚下的土挤向中央锅底;在黏性土中,由于四周土不易向锅底坍落,应辅以高压水松土。多孔沉井时,最好在每个井孔上配置一套抓土设备,以同时均匀除土,减少抓斗倒孔时间,使沉井均匀下沉。为了使抓斗能在沉井孔内靠边的位置上抓土,需在沉井顶面井孔周围预埋挂钩。偏抓时,先将抓斗落至孔底,再将钢丝绳挂在井孔周边的挂钩上进行抓土。如此就可以达到偏抓的目的。

（3）辅助下沉措施

1）高压射水:当局部地点难以由潜水员定点,定向射水掌握操作时,在一个沉井内只可同时开动一套射水设备,并不得进行除土或其他起吊作业。射水水压应根据地层情况,沉井入土深度等因素确定,可取 1~2.5MPa。

2）抽水助沉:不排水下沉的沉井,对于易引起翻砂、涌水的地层,不宜采用抽水助沉方法。

3）压重助沉:沉井圬工尚未接高浇筑完毕时,可利用接高浇筑圬工压重助沉,也可在井壁顶部用钢铁块件或其他重物压重助沉。采用压重助沉时,应结合具体情况及实际效果选用。

4）炮震助沉:一般不宜采用炮震助沉方法。在特殊情况下必须采用时,应严格控制用药量。在井孔中央底面放置炸药起爆助沉时,可采用 0.1~0.2kg 炸药,具体使用应视沉井大小、井壁厚度及炸药性能而定。同一沉井每次只能起爆一次,并应根据具体情况适当控制炮震次数。

5）利用空气幕下沉。

（4）沉井接高

接高上节沉井模板时,不得直接支撑于地面。接高时应均匀加重,防止沉井突然下沉和倾斜。接高后的各节沉井的中轴线应为一直线。混凝土施工接缝应按设计要求布置接缝钢筋,清除浮浆并凿毛。

1）沉井接高前,应尽量纠正倾斜,接高各节的竖向中轴线应与前一节的中轴线重合。

2）水上沉井接高时,井顶露出水面不应小于 1.5m;地面上沉井接高时,井顶露出地面不应小于 0.5m。

3）接高前不得将刃脚掏空,避免沉井倾斜,接高加重应均匀。对称地进行。

沉井下沉时,如需在沉井顶部设置防水或防土围堰,围堰底部与井顶应连接牢固,防止沉井下沉时围堰与井顶脱离。

（5）沉井纠偏

1）纠偏前,应分析原因,然后采取相应措施,如有障碍物应首先清除。

2）纠正倾斜时,一般可采取除土、压重、顶部施加水平力或刃脚下支垫等方法进行。对空气幕沉井可采取偏侧局部压气纠偏。

3）纠正位移时，可先除土，使沉井底面中心向墩位设计中心倾斜，然后在对侧除土使沉井恢复竖直。如此反复进行，使沉井逐步接近设计中心。

4）纠正扭转时，可在一对角线的两角除土，在另外两角填土。借助于刃脚下不相等的土压力所形成的扭矩，可使沉井在下沉过程中逐步纠正其扭转角度。

3. 沉井清基和封底

（1）沉井清基

沉井清基是指沉井下沉到位后，清除基底的松散土层及杂质，以保证封底混凝土直接支承在持力土层上。

1）沉井下沉至设计高程后，基底面地质应符合设计要求。如有不符需做处理，应征得设计单位同意，必要时取样鉴定。

2）清理后的基底面距隔墙底面的高度及刃脚斜面露出的高度，必须满足设计要求的最小高度。

3）基底浮泥或岩面残存物均应清除，保证封底混凝土与基底间不产生有害夹层。

4）隔墙底部及封底混凝土高度范围内井壁上的泥污应予以清除。

（2）沉井清基方法

1）排水清基

排水清基时，施工人员可进入井底施工，比较简单，主要问题是防止沉井在清基时倾斜，处理从刃脚下涌入井内的流沙等。

2）不排水清基

不排水清基可采用高压射水将刃脚及隔墙下的土破坏，然后用吸泥机除渣。高压射水一般使用直径为 75~86mm 的钢管，下端配有单孔锥形射水嘴，出水孔直径为 13~20mm。沉井沉至设计高程后，应检验基底的地质情况是否与设计相符。排水下沉时可直接检验、处理；不排水下沉时应进行水下检验、处理，必要时需取样鉴定。

（3）封底

基底检验合格后，应及时封底。对于排水下沉的沉井，在清基时如渗水量上升速度小于或等于 6mm/min，可按普通混凝土浇筑方法进行封底；若渗水量大于上述规定，宜采用水下混凝土进行封底。

沉井封底时，若井内可以排水，则按一般混凝土施工；若不能排水。则采用导管法灌注水下混凝土。

用刚性导管法进行水下混凝土封底时，应满足以下要求。

1）混凝土材料可参照钻孔灌注桩水下混凝土的有关规定，混凝土的坍落度宜为 150~200mm。

2）灌注封底水下混凝土时，需要的导管间隔及根数应根据导管作用半径及封底面积确定。

3）用多根导管进行灌注的顺序应进行设计，防止产生混凝土夹层。若同时浇筑，当基底不平时,应逐步使混凝土保持大致相同的高程。

4)每根导管开始灌注时所用的混凝土坍落度宜采用下限,首批混凝土的需要量应通过计算确定。

5)在灌注过程中,应根据混凝土的堆高和扩展情况正确调整坍落度和导管埋深,使每盘混凝土灌注后形成适宜的堆高和不大于1:5的流动坡度。抽拔导管时应严格保证导管不进水。混凝土面的最终灌注高度应比设计值高出至少150mm。待灌注混凝土强度达到设计要求后,再抽水凿除表面松弱层。

沉井封底时,若为水下压浆混凝土,应按设计要求施工。

沉井基础的质量应符合下列规定。

1)混凝土的强度应符合设计要求。

2)沉井刃脚底面高程应符合设计要求。

3)底面、顶面中心与设计中心的偏差应符合设计要求。当设计无要求时,其允许偏差纵横方向为沉井高度的1/50包括因倾斜而产生的位移。对于浮式沉井,允许偏差值增加250mm。

4)沉井的最大倾斜度为1/50。

5)对于矩形、圆形端沉井的平面扭转角偏差,就地制作的沉井不得大于1°,浮式沉井不得大于2°。

四、承台和系梁的施工技术

1. 承台施工

(1)围堰及开挖方式的选择

当承台处于干处时,一般直接采用明挖基坑,并根据基坑状况采取一定措施后,在其上安装模板,浇筑承台混凝土。

当承台位于水中时,一般先设围堰(钢板桩围堰或吊箱围堰)将群桩围在堰内,然后在堰内河底灌注水下混凝土封底,凝结后,将水抽干,使各桩处于干处,再安装承台模板,在干处灌注承台混凝土。

对于承台底位于河床以上的水中,采用有底吊箱或其他方法在水中将承台模板支撑和固定,如利用桩基,或临时支撑。承台模板安装完毕后抽水,堵漏,即可在干处灌注承台混凝土。

承台模板支承方式的选择应根据水深、承台的类型、现有的条件等因素综合考虑。

(2)承台底的处理

1)低桩承台

当承台底层土质有足够的承载力,又无地下水或能排干水时,可按天然地基上修筑基础的施工方法进行施工。当承台底层土质为松软土,且能排干水施工时,可挖除松软土,换填

10~30cm 厚砂砾土垫层,使其符合基底的设计标高并整平,即立模灌注承台混凝土。

2)高桩承台

当承台底以下河床为松软土时,可在板桩围堰内填入沙砾至承台底面标高。填砂时视情况决定,可抽干水填入或静水填入,要求能承受灌注封底混凝土的质量。

(3)模板及钢筋

1)模板一般采用组合钢模,纵、横楞木采用型钢,在施工前必须进行详细的模板设计,以保证模板有足够的强度、刚度和稳定性,能可靠地承受施工过程中可能产生的各项荷载,保证结构各部形状、尺寸的准确。模板要求平整、接缝严密、拆装容易、操作方便。一般先拼成若干大块,再由吊车或浮吊(水中)安装就位,支撑牢固。

2)钢筋的制作严格按技术规范及设计图纸的要求进行,墩身的预埋钢筋位置要准确、牢固。

(4)混凝土的浇筑

1)混凝土的配制除要满足技术规范及设计图纸的要求外,还要满足施工的要求,如泵送对坍落度的要求。为改善混凝土的性能,根据具体情况掺加合适的混凝土外加剂,如减水剂、缓凝剂、防冻剂等。

2)混凝土采用拌和站集中拌和,混凝土罐车通过便桥或船只运输到浇筑位置,采用流槽、漏斗或泵车浇筑。也可由混凝土地泵直接在岸上泵入。

3)混凝土浇筑时要分层,分层厚度要根据振捣器的功率确定,要满足技术规范的要求。

(5)混凝土养护和拆模

混凝土浇筑后要适时进行养护,尤其是体积较大,气温较高时要尤其注意,防止混凝土开裂。混凝土强度达到拆模要求后再拆模。

2.系梁施工

(1)施工工艺流程

测量放样→铺设底模→钢筋安装→模板安装→混凝土浇筑→养护→模板拆除。

(2)具体施工工艺方法

1)铺设底模:按墩身系梁位置进行底模铺设。

2)钢筋安装:钢筋在加工场地预制成型,运至施工现场,采用常规方法进行焊接、安装。

在进行主筋(水平筋)接头时,将预埋筋按单面焊的搭接长度进行搭接,并满足同一搭接长度区段内接头错开 500%,焊接标准执行施工规范的要求。安装时应注意预埋盖梁预埋钢筋。

3)模板安装:模板找正采用经纬仪跟踪测量,水平仪测量顶面高程的方法控制,模板支立前涂刷优质脱模剂,以保证混凝土外观质量及拆模便利。

4)混凝土浇筑:系梁混凝土采用集中搅拌站拌和,人工手持振捣棒分层浇筑振捣,塑料布覆盖洒水保湿养护的方法施工。

5）拆模：待混凝土强度达到设计规定强度再行拆模，采用人工配合吊车扶模拆卸。拆模时应注意不能损坏台体混凝土。

五、墩、台身施工技术

墩台是桥梁的下部结构，支承着桥梁上部结构的荷载，并将它传给地基基础。桥梁墩台应具有足够的强度和稳定性，能够避免在荷载作用下产生过大位移和转动。因此，桥梁墩台施工是桥梁下部结构施工中的重要组成部分，其施工质量的优劣，不仅关系到桥梁上部结构的制作与安装质量，而且对桥梁的使用功能也影响重大。因此，增台的位置、尺寸和材料强度等都必须符合设计规范的要求。墩台施工的主要工作有：墩台定位、放样，基础施工，在基础襟边上立模板和支架，浇筑墩（台）身混凝土或砌石，扎顶帽钢筋，浇顶帽混凝土并预留支座锚栓孔等。在施工过程中，应准确地测定墩台位置，正确地进行模板制作与安装，同时采用经过正规检验的合格材料，严格执行施工规范的规定，以确保施工质量。

桥梁墩台的施工方式主要有桥位就地施工与预制装配两种。墩台施工方法与构造形式密切相关。就桥墩而言，目前较多采用滑动模板连续浇筑施工，它对于高桥墩和薄壁无横隔梁的空心桥墩有很高的经济效益。而装配式墩常采用带有横隔梁的空心墩或V形墩、Y形墩等。连续梁桥的墩台主要采用混凝土、钢筋混凝土和预应力混凝土结构建造。

1. 整体式墩台的施工要点

（1）混凝土及钢筋混凝土墩台的施工要点

1）墩台施工前，应在基础顶面放出墩台中线和墩台内、外轮廓线的准确位置。

2）现浇混凝土墩台钢筋的绑扎应和混凝土的灌注配合进行。水平钢筋的接头也应内外、上下互相错开。

3）注意掌握混凝土的浇筑速度。

4）若墩台截面积不大时，混凝土应一次连续浇筑完成，以保证其整体性。若墩台截面积过大，应分段分块浇筑。

5）在混凝土浇筑过程中，应随时观察所设置的预埋螺栓，预埋支座的位置是否移动，若发现移位应及时校正。浇筑过程中还应注意模板、支架情况，如有变形或沉陷应立即校对并加固。

6）对于高大的桥台，若台身后仰，本身自重力偏心较大，为平衡台身偏心，施工时应在填筑台身四周路堤土方的同时砌筑或浇筑台身，以防止桥台后倾或向前滑移。未经填土的台身施工高度一般不宜超过4m，以免偏心引起基底不均匀沉陷。

7）V形、Y形和X形桥墩的施工方法与桥梁结构体系有密切关系。V形墩类桥梁属刚架桥系统，其施工方法除了具有连续梁桥的施工特点外，还有其自身的特点。通常把这种桥梁划为V形墩结构、锚跨结构和挂孔部分三个施工阶段。其中，V形墩是全桥施工的重点，它由两个斜腿和顶部主梁组成倒三角形结构。

（2）片石混凝土或片石混凝土砌体墩台的施工要点

在浇筑实体墩台和厚大无筋或稀配筋的墩台混凝土时，为节约水泥，可采用片石混凝土或混凝土砌体。

当采用片石混凝土时，混凝土中允许填充粒径大于150mm的石块（片石或大卵石），并应遵守下列规定。

1）填充石块的数量不宜超过混凝土结构体积的25%。

2）应选用均匀，无裂纹、夹层，不易风化和未煅烧过的并具有抗冻性的石块。

3）石块在使用前应仔细清扫，并用水冲洗干净。

4）石块应在捣实的混凝土中埋一半左右。受拉区混凝土不宜埋放石块；当气温低于0℃时，应停埋石块。

5）石块应在混凝土中分布均匀，两石块间的净距不应小于100mm，以便捣实其间的混凝土。石块距表面（包括侧面与顶面）的距离不得小于150mm，具有抗冻要求的距表面不得小于300mm，并不得接触钢筋和碰撞预埋件。

当采用片石混凝土砌体时，石块含量可增加到砌体体积的50%~60%，石块间净距可减小为40~60mm，其他要求与片石混凝土相同。

2.装配式桥墩的施工要点

装配式桥墩主要采用拼装法施工。它用于预应力混凝土、钢筋混凝土薄壁墩，薄壁空心墩或轻型桥墩。装配式桥墩主要由就地浇筑的实体部分墩身，基础与拼装部分墩身组成。实体部分墩身与基础采用就地现浇施工时，应考虑其与拼装部分的连接、抵御洪水和漂流物的冲击、锚固预应力筋，调节拼装墩身的高度等问题。

拼装部分墩身由基本构件、隔板、顶板和顶帽组成。在工厂制作，运到桥位处拼装成桥墩。拼装部分墩身的分块。要根据桥墩的结构形式，吊装起重工具和运输能力确定，应尽可能使分块大、接缝小，并按照设计要求定型生产。加工制作出来的拼装块件应质量可靠，尺寸准确，内外壁光洁度高。拼装要根据施工现场的地形、水文、运输条件以及墩的高度，起吊设备等具体情况拟订施工细则，认真组织实施。确定拼装方法时应注意预埋件的位置。接缝处要牢固密实，预留孔道要畅通。

预应力混凝土空心墩的主要施工工艺流程如下。

浇筑桥墩基础；浇筑实体部分墩身；安装预制的墩身块件，包括以下内容：预制构件分块；模板制作及安装（在工厂内进行）；制孔（在工厂内进行）、预制构件浇筑（在工厂内进行）、将预制构件运输至桥位、安装墩身预制块件；施加预应力；孔道压浆；封锚。

3.高桥墩施工

（1）高桥墩施工的特点及准备工作

高桥墩施工的特点是施工难度大，技术含量高，对操作人员的素质要求严格。其特高空作业更容易产生安全隐患和发生各类安全事故。

高桥墩施工的准备工作如下。

1）混凝土配合比设计。混凝土宜采用半干硬或低流动混凝土,要求和易性好,不易产生离析,泌水现象,坍落度应控制为 3~5cm。混凝土脱模强度宜控制为 0.2~0.4MPa,以保证混凝土出模后既能易于抹光表面,不致折裂或带起,又能支承上部混凝土的自重,不致流淌,坍落或变形。

2）滑模施工的组织设计。高桥墩施工是一种综合性工艺,必须做好详细的施工组织计划,制定可靠的质量保证措施,设立完善的安全保证体系,以保证连续作业和施工质量。

3）模板制作及滑模系统。模板装置由滑模系统、提升系统、操作平台系统组成。滑模系统由全钢模及提升架组成。钢模均使用定型大钢模板,模板之间采用螺栓连接。围圈应有一定的刚度,围圈接头应采用刚性连接,并上下错开布置附着在钢模板上连成整体,以防止模板变形。提升系统由液压控制台、千斤顶、油路及支承杆组成。操作平台系统由外挑架及吊架组成。外挑架采用钢管连接,以增加整体刚度,外设防护栏杆,挂安全网。

4）机具设备的选择。爬杆以前常用直径 25mm 的圆钢,后因其承压能力差,较易发生弯曲而被同截面的 48mm×3.5mm 钢管取代。钢管位置一般取决于墩台的截面,爬杆应尽量处于混凝土的中心,其数量由起重计算确定,应做到受力均匀,提升同步并具有一定的安全储备,间距通常为 1.5~2.5m。同时,滑模提升也应做到垂直均衡一致,各提升架之间的高差不大于 5mm。为此,浇筑混凝土时应严格保持均匀、平衡,每层厚度要严格控制,混凝土布料也要对称,钢筋上料要按施工要求分成小批对称堆放在平台上,以防止滑模在不均匀荷载作用下倾斜。应随时检查滑模的水平结构,如有变形,要及时调整、加固。

（2）滑升模板法施工

滑升模板法施工时,模板固定在工作平台上,随墩身的施工而逐渐提升,逐段浇筑混凝土。滑升模板法施工具有施工进度快、混凝土质量好、安全可靠等优点,故广泛应用于高墩台、桥塔的施工中。当桥梁跨越深谷时,必须采用高桥墩,这种情况下常采用滑升模板法进行墩身施工。

1）滑升模板的构造

滑升模板主要由工作平台、模板和提升设备三大部分组成。

工作平台是整个滑升模板的骨架,由顶架、操作平台,吊架、混凝土平台等组成。它既提供施工操作的场地,又把各组成部分连接在提升设备的顶杆上。其中,顶架用以承受整个模板和操作平台的荷载,并将其传递给顶杆;操作平台提供施工操作的场地;吊架位于整个滑升模板的下方,供施工人员对混凝土进行表面整饰和养生等操作。

模板悬挂在工作平台上,如果桥墩是空心墩,则模板由内模和外模组成;如果桥墩向上收坡,可在模板上连接收坡丝杆,用于调节内、外模板的间距。提升设备出千斤顶和顶杆组成,千斤顶用于提供向上的提升力,将整个滑升模板设备向上提升;顶杆一端固定于墩台混凝土上,另一端穿过千斤顶,承受施工过程中的全部荷载。

2）滑升模板的施工

滑升模板的施工是一个连续、循环的过程,主要包括组装滑升模板、浇筑混凝土、滑升模板等工序。

①组装滑升模板

组装滑升模板的大致步骤如下：在基础顶面定出桥墩中心线，垫好垫木，在垫木上安装工作平台的内钢环。再依次安装辐射梁、外钢环、立柱，提升设备。撤去垫木，安装模板就位，待模板滑升至一定高度后安装吊架。设备组装完毕后，必须进行全面检查，及时纠正偏差。

②浇筑混凝土

滑升模板法施工宜浇筑低流动性或半干硬性混凝土。浇筑时应分层、分段，对称进行，分层厚度以 200~300mm 为宜，浇筑后混凝土表面距模板上缘宜有不小于 100~150mm 的距离。混凝土脱模时的强度控制为 0.2~0.5MPa，混凝土中可掺入适量的早强剂，以加速提升强度。脱模后 8h 左右开始养生，用吊在下吊架上的环绕墩身的带小孔的水管来进行，用水管进行混凝土的湿法养护。

③滑升模板

滑升模板分为初次滑升阶段和正常滑升阶段。模板初次滑升的程序是：初次浇筑混凝土厚度 600~700mm，分三次浇筑；待强度达到滑升要求后，初次滑升 20~50mm，再浇筑 300mm 混凝土，滑升 100~150mm。之后进入正常滑升阶段，每浇筑一层混凝土向上滑升同样的高度。滑升模板法施工要求连续作业，如施工过程中出现暂停，必须每隔 1h 左右将模板略为提升，以避免混凝土和模板粘连。施工过程中还必须穿插进行钢筋绑扎、顶杆接长、预埋件的处理，混凝土表面整饰、检查中线等工作。滑升模板法施工是高空作业，施工人员应随时注意施工安全，严格执行高空作业安全制度。

（3）翻板式模板施工

墩身模板采用液压自升平台翻模，内、外模板共设三节，循环交替翻升。当第三节混凝土灌注完成后，提升工作平台，拆卸并提升第一节模板至第三节上方，安装、校正后浇筑混凝土，如此循环进行。当临近墩顶连接处时，在墩身上预埋托架，支立墩帽模板，浇筑墩帽混凝土。混凝土浇筑用泵送入模，然后用插入式振捣器振捣，最后用软塑管缠绕墩身喷水养护。

施工中因大风、大雨或其他原因必须停工时，应充分做好停工处理。停工前将混凝土面摊平，振捣完毕，控制好工作平台的提升高度，防止平台提升过高而影响其稳定性。复工时加强中线水平观测，新、旧混凝土接缝按规定处理后，再继续施工。

1）墩身模板。模板分上、下两节，接缝采用对接接头，模板制作尺寸误差小于 2mm，倾斜角偏差小于 1.5mm，孔位误差小于 1mm。为确保工程质量，应在厂内统一加工。施工过程中，两节模板交替轮番往上安装，每一节都立在已浇筑混凝土的模板上。

圆形空心墩内模采用组合钢模拼装，内、外模间设带内纹的对拉螺栓，以便拆模，避免墩身混凝土内形成孔洞。墩身内腔每隔一定高度预设型钢做支撑梁，上面搭设门式脚手架作为装拆内模和浇筑混凝土的工作平台。安装和拆卸模板，提升工作平台以及垂直运输钢筋等物品均由塔吊完成。墩身外侧设施工电梯，用于人员的运送。

2）钢筋工艺。墩身竖向钢筋采用挤压套管连接方法。钢筋长度均为 9.0m，但在高度上将一半数量的接头错开 4.5m，这样每节混凝土外露钢筋有高、低两层。施工时，先在长钢筋上点焊一道箍筋，依靠已立好的内模将钢筋调整到正确位置。然后以此为定位筋安装接长钢筋。

3）拆模。在安装钢筋的同时，可以开始拆下面一节外模。拆模时用手拉葫芦将下面一节模板与上一节模板上下挂紧，同时另设两条钢丝绳拴在上、下节模板之间。拆除左右和上面的连接螺栓后，下节模板就会脱落。脱模后放松葫芦，将拆下的模板用钢丝绳挂在上节模板上。然后逐个将四周各模板拆卸并悬挂于上节模板上。这样可将拆模工作和钢筋安装工作同时进行，节约时间，也减少了对塔吊工作时间的占用。

4）模板位置调整。当模板组拼成型后，所有螺栓不必拧紧，留出少量松动余地。若模板前后方向偏斜，可通过手拉葫芦调整至正确位置；左右偏斜的调整通过在模板底边靠倾斜方向的一端塞加垫片实现。模板之间的缝隙塞有橡胶条，因而不会漏浆。调整完毕后，拧紧全部螺栓，即可浇筑混凝土。

5）混凝土施工。混凝土的垂直运输采用输送泵一次完成。泵管利用模板对螺栓留在墩身内的螺母安装固定架由下到上固定在墩柱壁上。由于运送高度大，要求混凝土既要保持较大的流动性，又要达到设计强度。因此，应对各种水泥、外加剂及配合比进行多次试验，并依泵送情况随时调整。应加强振捣以确保混凝土的密实度，真正做到内实外美。在混凝土强度达到设计或监理工程师的要求后拆模、养生。

6）施工中墩身施工测量控制。用极坐标定位法、铅垂线控制法、悬挂钢尺水准测量法和三角高程间接法分别对墩身进行平面和标高定位。

（4）爬升式模板施工

1）爬架设施。爬架设施主要由支撑结构、架体结构、连接器、提升设备和防倾、防坠装置等组成。

①附着支撑结构：采用导轨式。轨道用钢轨或普通槽钢背靠背焊接而成，利用埋设于钢筋混凝土墩身中的预埋件附着于墩壁上，每两根轨道互相平行，保证爬架上的连接器不用改变距离就可从墩底爬升到墩顶。

②架体结构：每副爬架用角钢焊接成钢骨架，各爬架既可以互相连接成整体。又可以单独爬升，从而保证了爬升过程中既可以整体爬升，又可以个别调整。

③连接器：爬架和轨道的连接部分，用厚钢板制作。通过连接器实现爬架在轨道上爬行。

④提升设备：采用可移装的液压千斤顶。液压千斤顶油缸行程为 450mm，速度为 2mm/min，每走完一个行程后用穿销固定，使缸休恢复原位，然后开始另一个顶升行程。其可用于单段或多段的提升。完成提升后，可拆移至另外一段架体。

⑤防倾和防坠装置：为防止架体倾斜，每幅爬架架体上设置了两排共 6 副连接器。为防止架体突然坠落。每幅架体的连接器下部都设置了 FZ25 型爬架防坠器，这样每幅架体上有 6 副防坠器。

2）模板。根据桥墩特点制作大块全钢模板，每套模板分为 3 节，每节模板按 6m 高制作，每次浇筑混凝土的高度为 6m，为避免留下明显的接茬缝，拆模时不拆最上一层模板，将其留作下次立模的基础。

3）作业台座。爬架上共有三层作业台座。最上一层作业台座为墩内爬架最上端互相连接起来搭设的台座，主要用来存放一些小型机具及供工人在上绑扎钢筋和进行立模作业使用；中间一层作业台座为主要作业台座，是各爬架附着端互相连接起来形成的作业台座，工人在这层作业台座上可实现爬升模板、绑扎钢筋、立拆模、调整模板、临时存放模板、安拆对拉螺栓、检查防坠装置等作业；最下一层作业台座是吊挂在爬架下的作业台座，工人在该层作业台座上可实现安拆轨道、修补混凝土、检查爬架状态是否完好及进行防坠器等作业。

4）安设轨道。利用埋于墩身内的预埋螺母将轨道附在桥墩上，也可利用桥墩对拉螺栓将轨道固定于桥墩上。

5）绑扎钢筋。钢筋在加工厂加工好后运至现场并吊至墩位处进行绑扎。钢筋绑扎或焊接时的搭接长度应符合施工规范要求，同一截面的接头数量不应超过规定的数量。钢筋安装完毕后，周边钢筋交错绑扎上圆形混凝土垫块，以避免拆模后混凝土表面有垫块的痕迹。

6）混凝土的灌注。混凝土在搅拌站集中拌和，通过混凝土搅拌运车水平运至墩台处泵送入模，然后插入振动棒振捣密实。

7）拆模及混凝土养生。工人将模板一块一块地拆下，暂时放在中层作业台座上，最上一层模板不须拆除。拆模后应立即进行混凝土的养生。当气温较高时，采用塑料薄膜包裹、模内浇水养生。

8）爬架的爬升。在墩身模板拆除，轨道铺设后，即可进行爬架的爬升。利用可移装的液压千斤顶将爬架一端安于轨道上的销孔中，另一端安于爬架上，一个行程可爬升约 450mm。

9）模板的提升。操作工人利用爬架立柱上设置的手动导链将模板提起，然后进行立模，从基础到墩身，再到墩顶的整个施工过程中，每层模板应严格检查，复核断面和高程尺寸，以确保墩位正确。

（5）混凝土浇筑与养护

1）混凝土浇筑。混凝土浇筑应遵守相应的施工规范，特别应注意混凝土在浇筑前应对施工中涉及的吸水性物件做相应的处理，以避免混凝土水分被吸收，影响混凝土的质量。混凝土应在初凝之前浇筑，且不能有离析现象。若有离析现象，则应重新搅拌才能浇筑，且浇筑过程也应避免产生离析现象。在浇筑立柱等结构物时，应在底部浇筑一层 50~100mm 的水泥砂浆（配合比与混凝土中的砂浆相同），这样可避免产生蜂窝、麻面现象。混凝土浇筑时，应按结构要求分层进行，随浇随捣。一般结构的混凝土整体浇筑时，应尽可能连续进行，避免间断施工。混凝土浇筑后初期，应防止混凝土受震动或撞击。

2）混凝土养护。混凝土浇筑完毕后，为减少水分蒸发，应避免日光照射，且应防风吹和雨淋等。可用活动的三角形罩棚将混凝土板全部遮起来。待混凝土板表面的泌水消失后，可用湿草帘或麻袋等物覆盖表面，并每天洒水 2~3 次，最短养护时间为 7 天。天气突变时，要改变养护方式防止起灰、起泡等现象；如风大时，要提前养护等；当气温下降时，应适当延迟拆模时间。

（6）高墩台施工注意事项

1）高墩台竖直度的控制。高墩台竖直度允许偏差为墩台高度的 0.3%，且不超过 20mm。为此，在正常施工中每滑升 1m 就要进行一次中心校正。滑升中如发现偏扭，应查明原因，逐一纠正。纠正方法一般是将偏扭一方的千斤顶相对提高 2~4cm 后逐步纠正。每次纠正量不宜过大，以免产生明显的弯曲现象。

2）操作平台水平度的控制。控制操作平台的水平度是滑模施工的关键工作之一，如果操作平台发生倾斜，将导致墩台扭转和滑升困难。为避免平台倾斜，平台上的材料堆放要均匀，并应注意混凝土浇筑是否顺利，还要经常进行观测和调整。具体做法是用水平仪观察各千斤顶高差，并在支撑杆上画线标记千斤顶应滑升到的高度，在同一水平面上千斤顶的高度不宜大于 20mm，相邻千斤顶高差不宜大于 10mm。

3）模板安装准确度的控制。滑升模板组装好后直到施工完毕，中途一般不再拆装模板。组装前要检查起滑线以下已施工基础或结构的标高和几何尺寸，并标出结构的设计轴线、边线和提升架的位置等。

4）爬杆弯曲度的控制。必须防止爬杆弯曲，否则会引起严重的质量和安全事故。爬杆负荷要经过计算确定，如果负荷过大或脱空距离过大，就会导致爬杆弯曲。平台倾斜也会使爬杆弯曲。若爬杆弯曲程度不大，可用钢筋与墩台主筋焊接固定，以防再弯；若弯曲程度较大，应先切去弯曲部分，再补焊一截新杆，若弯曲较严重，应切去上部，另换新杆，新杆与混凝土接触处应垫 10mm 厚钢靴。

六、盖梁施工技术

1. 墩台帽施工

（1）放样

墩台混凝土浇筑或砌石砌至距离墩台帽下缘 300~500mm 高度时，即需测出墩台帽纵、横中心轴线，并开始竖立墩台帽模板，安装锚栓孔或安装预埋支座垫板，绑扎钢筋等。桥台台相放样时，应注意不要以基础中心线作为台帽背墙线。模板立好后，在浇筑混凝土前应再次复核，以确保墩台帽中心、支座垫石等的位置、方向和高程不出差错。

（2）桩柱墩帽模板

桩柱墩帽也称盖梁，除装配式盖梁以外，其他盖梁均需要现场立模浇筑。盖梁圬工体积小，可利用钢筋混凝土桩柱本身做模板支承。其方法是用两根木梁将整排柱用螺栓相对夹紧，上铺横梁，横梁间衬以方木调节间距，也可用螺栓隔桩柱成对夹紧，在横梁上直接安装底模板。两侧模板借助于横梁、上拉杆和一对三角撑所组成的方框架来固定。所有框架、榫眼及角撑均预先制好，安装时只用木楔楔紧框构四周，就能迅速而正确地使模板定位。

（3）钢筋网、预埋件、预留孔等的安装

1）钢筋网的安装。

梁桥墩台帽支座处一般均布设1~3层钢筋网。当墩台帽为素混凝土或虽为配筋混凝土，但钢筋网未设置架立钢筋时，施工时应根据各层钢筋网的高度安排墩台帽混凝土的浇筑程序。为了保证各层钢筋网位置正确，应在两侧板上画线，并加设钢筋网的架立钢筋和定位钢筋以免振捣混凝土时钢筋网发生移动。

2）墩、台预埋件的种类

支座预埋件有以下几类：平面钢板支座的下锚栓及垫板，切线式支座的下锚栓及垫板，摆柱式支座的锚栓及垫板，盆式橡胶支座的固定锚栓；防振锚栓；装配式墩台帽的吊环；供运营阶段使用的扶手、检查平台和护栏等；供观测用的标尺；防震挡块的预埋钢筋。

预埋件施工应注意下述各点：为保证预埋件位置准确，应对预埋件采取固定措施，以免振捣混凝土时发生移动；预埋件下面及附近的混凝土应注意振捣密实，对具有角钢筋的预埋件尤应注意加强捣实；预埋件在墩台帽上的外露部分要有明显标志，浇至顶层混凝土时，要保证外露部分尺寸准确；在已埋入墩台帽内的预埋件上施焊时，应尽量采用细焊条，小电流分层施焊，以免烧伤混凝土。

3）预留孔的安装

墩台帽上的预留锚栓孔须在安装墩台帽模板时，安装好锚栓留孔模板，在绑扎钢筋时注意将预留孔位置留出。预留孔应该下大上小，其模板可采用拼装式。模板安装时，顶面可比支座垫石顶面约低5mm，以便垫石顶面抹平。带弯钩锚栓的模板安装时，应考虑钩的方向。为便于安装锚栓后灌实锚栓孔，可在每一锚栓孔模板外侧的三角木块部分预留进浆槽。

2.附属工程施工

（1）桥台翼墙、锥坡施工要点

1）翼墙，锥体护坡（简称锥坡）的作用和构造

翼墙、锥坡是用来连接桥台和路堤的防护建筑物，它的作用是稳固路堤，防止水流的冲刷。设翼墙的桥台称为八字形桥台。翼墙设于桥台两侧，在平面上为八字形；立面上为一变高度的直线墙，其坡度变化与台后路堤边坡的坡度相适应；翼墙的竖直截面为梯形，翼墙顶设帽石。翼墙一般为浆砌片石或浆砌块石结构。根据地基情况，翼墙基础可以采用浆砌片石或片石混凝土。

锥坡一般为椭圆形曲线，锥体坡面坡度沿长轴方向与路基边坡相同，一般为1:1.5，沿短轴方向为1:1。锥体坡顶与路基外侧边沿同高。当台后填土高度大于6m，路堤边坡采用变坡时，锥坡也应做相应变坡处理。

锥坡内部用砂土或卵、砾石填筑、夯实，表面用片石干砌或浆砌，一般砌筑厚度为200~350mm。坡脚以下应根据地基情况及流速大小设置基础，或将坡脚伸入地面以下一段，并适当加厚趾部。

在受水流冲刷影响的地方，锥体可以考虑采用铺盖草皮或干砌片石网格代替满铺片石

铺砌,也可以将锥坡的下段用片石满铺,上段铺草皮,以节约圬工数量。

2)锥坡施工要点

①锥体填土应按设计高程及坡度填足,砌筑片石厚度不够时再将土挖去,不允许填土不足,临时边砌石边补填土。锥坡拉线放样时,坡顶应预先放高 20~40mm,使锥坡随锥体填土沉降后坡度仍符合设计规定。

②砌石时放样拉线要张紧,表面要平顺,锥坡片石背后应按规定做碎石倒滤层,防止锥体土方被水侵蚀变形。

③锥坡与路肩或地连接必须平顺,以利排水,避免砌体背后冲刷或渗透导致坍塌。

④在大孔土地区,应检查锥坡基底及其附近有无陷穴,并进行彻底处理,以保证锥坡稳定。

⑤干砌片石锥坡用小石子砂浆勾缝时,应尽可能在片石护坡砌筑完成后间隔一段时间,待锥体基础稳定后再进行,以减少灰缝开裂。

⑥锥体填土应分层夯实,填料以黏土为宜。锥坡填土应与台背填土同时进行,并应按设计宽度一次填足。

(2)台后填土要求

1)台后填土应与桥台砌筑协调进行。填土应尽量选用渗水土,如黏土含量较少的砂质土。土的含水量要适宜,在北方冰冻地区要防止冻胀。如遇软土地基,为增大土抗力,台后适当长度内的填土可采用石灰土(掺 5% 石灰)。

2)填土应分层夯实,每层松土厚 200~300mm,一般应夯 2~3 遍,夯实后的厚度为 150~200mm,使密实度达到 96%(拱桥要求达到 98%),并做密实度测定。靠近台背处的填土打夯较困难时,可用木棍、拍板打紧捣实。与路堤搭接处宜挖成台阶形。

3)石砌圬工桥台台背与土的接触面应涂抹沥青或用石灰三合土、水泥砂浆胶泥做不透水层,作为台后防水处理。

4)拱桥台后填土必须与拱圈施工程序相配合,使拱的推力与台后土侧压力保持一定的平衡。一般要求拱桥台后填土应在主拱圈安装或砌筑以前完成。梁式桥的轻型桥台台后填土应在桥面完成后在两侧平衡地进行。

5)台后填土顺路线方向的长度一般应自台身起,顶面不小于桥台高度加 2m,在底面应不小于 2m;拱桥台后填土长度一般不应小于台高的 3~4 倍。

第五节　支座系统施工

一、常用支座

由于桥梁跨径支座反力、支座允许的转动与位移不同，故选用的支座材料不同，支座是否满足防震、减震的要求也不同。随着桥梁结构体系的发展，支座类型也相应得以更新换代，过去一些针对一般小跨径桥梁或加工较烦琐的支座形式已不常使用，如垫层支座，弧形钢板支座、钢筋混凝土摆柱式支座等，代之以板式橡胶支座、盆式橡胶支座、球形钢支座、减震隔震支座等。对于钢筋混凝土及预应力混凝土受弯构件，如无特殊要求，宜选用橡胶支座。本节主要介绍现在常用的梁桥支座形式。

1. 板式橡胶支座

板式橡胶支座由几层橡胶片和薄钢片叠合而成。

板式橡胶支座有矩形和圆形之分。弯、坡、斜、宽桥梁宜选用圆形板式橡胶支座，支座的橡胶材料有氯丁橡胶、三元乙丙橡胶、天然橡胶。根据地区温度，温度为 –25~60℃ 的地区可选用氯丁橡胶支座，温度为 –40~60℃ 的地区可选用三元乙丙橡胶支座或天然橡胶支座。目前，常用的矩形板式橡胶支座的平面尺寸有 0.12m × 0.14m，0.14m × 0.18m，0.15m × 0.20m 等多种规格。橡胶片的厚度为 5mm，薄钢片厚度为 2mm，支座厚度可根据所需的橡胶支座剪切位移采用不同层数组合而成，一般从 14mm（两层钢板）开始，以 7mm 为一个台阶递增。

安装橡胶支座时，支座中心尽可能对准上部构造的计算支点。为防止支座受力不均匀，应使上部结构底面及墩台顶面不仅保持表面清洁和粗糙，还要与支座接触面保持水平并且紧密贴合，以增加接触面的摩阻力而避免产生相对滑动，必要时可先铺一薄层水灰比不大于 0.5 的 1∶3 水泥砂浆垫层。

2. 盆式橡胶支座

当竖向力较大时应使用盆式橡胶支座。盆式橡胶支座分为固定支座与活动支座。活动盆式橡胶支座由上支座板、聚四氟乙烯板、承压橡胶块、橡胶密封圈。中间支座板、钢紧箍圈、下支座板（底盆）及上下支座连接板组成。组合上、中支座板构造或利用上下支座连接板即可形成固定支座。与板式橡胶支座相比。盆式橡胶支座具有承载能力强，水平位移量大，转动灵活等优点，因此特别适合在大跨径桥梁上使用。我国目前生产的盆式橡胶支座的竖向承载力为 1000~5000kN，有效水平位移量为 ±（40~250）mm，支座的容许转角为 40°，设计摩阻系数为 0.05，实际工程中可根据不同情况选用。

二、特殊功能支座

1. 球形钢支座

为了适应多向转动且转动量较大的情况,可选择使用球形钢支座。它具有受力均匀,转动量大(设计转角可达 0.05rad 以上),各向转动性能一致等优点,特别适用于曲线桥和宽桥。同时,由于球形钢支座不再使用橡胶承压,不存在橡胶变硬或老化等不良影响,故它特别适用于低温地区。

2. 拉力支座

对于连续梁桥、悬臂梁桥、小半径曲线桥等桥型,由于荷载的作用,在某些支点上会产生拉力。在这种情况下,必须设置能抗拉又能承受相应转动和水平位移的支座。球形钢支座、盆式和板式橡胶支座都能变更功能作为拉力支座,这种变更既可用于固定支座,又可用于活动支座。板式橡胶拉压支座能够用于拉力较小的桥梁;对于反力较大的桥梁,采用球形抗拉钢支座或盆式拉力支座更合适。但是,支座拉力超过 1000kN 时,采用上述结构不经济。

3. 抗震支座

地震地区的桥梁支座不仅要满足支承要求,还应具备减震、防震等功能。按照抗震设计要求,支座必须具有抵抗地震力的能力,而减震隔震支座的作用是尽可能将结构或部件与可能引起破坏的地震地面运动分离开来,从而大大减小传递到上部结构的地震力和能量。目前,国内主要的减震隔震支座和抗震支座的类型有抗震型球形钢支座、铅芯橡胶支座和高阻尼橡胶支座。抗震型球形钢支座通过变更上下支座板的构造形式,除保证满足常规支座要求外,还能承受地震时的反复荷载及满足设置防落梁的要求。

三、支座的布置

支座的布置应以有利于墩台传递纵向水平力和梁体的自由变形为原则。根据梁桥的结构体系及桥宽,支座在纵、横桥向的布置方式主要有以下几种。

1. 对于简支梁桥,每跨宜布置一个固定支座,一个活动支座;若个别墩较高,也可以在高墩上布置两个(组)活动支座。对于多跨简支梁,当采用桥面连续构造时,通常在每一联的两端设置聚四氟乙烯板式橡胶支座,即活动支座,在中间各墩上设置部分固定与活动的板式橡胶支座。

2. 对于连续梁桥,一般在每一联设置一个固定支座,并应将固定支座设置在靠近温度中心处,以使全梁的纵向变形分散在梁的两端,其余墩台上均设置活动支座。在设置固定支座的桥墩(台)上,一般采用一个固定支座,其余为横桥向的单向活动支座;在设置活动支座的桥墩(台)上,一般沿设置固定支座的一侧均布置顺桥向的单向活动支座,其余均布置双向活动支座。

3. 对于坡桥,宜将固定支座布置在标高小的墩台上。同时,为了避免整个桥跨下滑,影响车辆的行驶,通常在设置支座的梁底面增设局部的楔形构造。

4.对于悬臂梁桥,锚固孔一侧布置固定支座,另一侧布置活动支座。

5.对于处在地震地区的梁桥,宜选用可防震和减震的支座,通常应确保有多个桥墩分担水平地震力。

第六节 附属结构施工

一、桥面铺装层施工技术

桥面铺装对桥梁的总体质量有着直接的影响。行车安全和桥面耐久性都与桥面铺装的好坏有直接关系。常用的桥面铺装主要有沥青桥面铺装和混凝土桥面铺装。

1.沥青混凝土桥面铺装

(1)大中型水泥混凝土桥桥面铺筑的沥青铺装层,应满足与混凝土桥面的黏结、防止渗水、抗滑及有较高抵抗振动变形的能力等功能要求,并设置有效的桥面排水系统。

(2)铺装沥青层的下层必须符合平整、粗糙、整洁的要求,桥面纵横坡符合要求。

(3)水泥混凝土桥面板表面应做铣刨拉毛处理,清除浮浆,除去过高的突出部位。

(4)铺设桥面铺装必须确保混凝土完全干燥,严禁在潮湿条件下铺设防水黏结层及摊铺沥青混合料,防止混凝土中的水分在施工或使用过程中遇热变成水汽使防水黏结层产生鼓包。

(5)喷洒沥青或改性沥青类桥面防水黏结层的施工应符合下列要求。

1)整个铺筑过程直至铺设石屑保护层前严禁包括行人在内的一切交通。

2)不洒黏层油,直接分2~3层喷洒或人工涂刷热沥青、热融或溶剂稀释的改性沥青、改性乳化沥青的防水黏结层,必须均匀一致,且达到要求的厚度。

3)喷洒防水层黏结后应立即撒布一层洁净的、尺寸为3~5mm的石屑做保护层,并用6~8t轻型压路机以较慢的速度碾压。

(6)桥面铺装的复压宜采用轮胎压路机或钢筒式压路机进行,经试验或经验证明不致损坏桥梁结构时,也可采用振动压路机碾压。

(7)必要时采用改性沥青。

(8)桥面铺装和土石方路基和桥头塔板上的路面应连接平顺,采取措施预防桥头跳车。

2.水泥混凝土桥面铺装

(1)钢筋混凝土桥面铺装

1)桥面和搭板钢筋网的加工、焊接和安装的质量要求,应符合下列规定。

①所有桥梁、通道钢筋混凝土桥面铺装层均应在梁板混凝土顶面安装锚固架立钢筋,再

将钢筋网与锚固架立钢筋相焊接;锚固架立钢筋应有 4~8 根 /m²。在梁端或支座部位剪应力较大处取大值;反之,可取小值。桥面铺装层钢筋网应使用焊接网或预制冷轧带肋钢筋网,不宜使用绑扎钢筋网。

②钢筋混凝土桥面极限最薄厚度不得小于 90mm。桥面铺装层钢筋网不得贴梁板顶面,也不得使用非锚固钢筋网支架和砂浆垫块。

③采用双层钢筋网一次铺装时,除底层钢筋网应与梁板锚固焊接外,上、下层钢筋网亦应焊接。分双层两次铺装的钢筋混凝土桥面,防水找平层中应设置一层钢筋网,横向钢筋位于纵向钢筋之下,横向钢筋直径、数量和间距不宜小于纵向,并应与梁板锚固筋相焊接。上层钢筋网可不与下层钢筋网焊接,但应与锚固在找平层混凝土中的架立钢筋相焊接。上层钢筋网设置应满足抗裂要求,钢筋宜细不宜粗,间距宜密不宜疏。

④桥面板应在梁端或负弯矩欲切缝部位,按设计要求使用接缝钢筋补强。桥面接缝补强钢筋的直径不宜小于 12mm;长度不宜短于 1.2m 或按负弯矩影响范围确定。

⑤桥面钢筋网应在整个桥面铺装层内连续,不得因铺装宽度不足或停工而切断纵、横向钢筋。

⑥路面与桥涵相接的两条胀缝,一条应位于搭板与过渡板之间;另一条应设在过渡板与普通混凝土路面之间。钢筋混凝土搭板及过渡板端部钢筋应与胀缝钢筋支架相焊接,焊接点不应少于 4 个 /m。也可在双层钢筋混凝土搭板一侧取消胀缝支架,直接利用双层钢筋网,并增加箍筋,箍筋数量不得少于胀缝钢筋支架。

2)桥面及搭板的机械铺装

①铺装前应做如下施工准备

桥面铺装层厚度和配筋应根据设计或经验确定。桥头双层钢筋混凝土搭板在高速公路、一级公路上与路面相接时,应设置不短于 10m 的单层钢筋混凝土过渡板。

桥头沉降应基本稳定,桥头搭板可采用双层钢筋网搭板或设枕梁及加强肋的单层钢筋网搭板。前者厚度宜为 300~450mm,后者宜与路面厚度相同,但枕梁和加强肋均应按设计计算配置受力钢筋,其厚度不宜薄于上基层。

桥面铺装层和搭板混凝土强度等级不应低于主梁翼缘板。在桥面与路面机械连续摊铺条件下,路面混凝土强度等级不低于桥面铺装层要求时,桥面混凝土配合比可与路面混凝土相同,反之,应按桥面铺装层抗压强度要求设计桥面混凝土配合比。用于桥面铺装的混凝土中不宜掺粉煤灰,但应掺高效减水剂;有抗冰(盐)冻要求时应掺引气(缓凝)高效减水剂;腐蚀环境下宜掺硅灰或磨细矿渣。

待铺装的裸梁表面应清洗干净,并具有足够的粗糙度,防水找平层的表面应进行凿毛或表面缓凝粗糙处理。

用滑模或轨道摊铺机连续铺装桥面前,应验算桥板、翼缘承载能力和桥梁挠度是否满足摊铺机上桥铺装作业的要求。大吨位摊铺机上桥摊铺的挠度及下桥反弹量不宜大于 3mm。

桥梁护栏宜在滑模或轨道摊铺机铺装桥面后施工。履带行走或轨道架设在分幅桥梁中空部位、通信井口或裸梁板上时,应采用可靠的加固保护措施。可将滑模摊铺机的履带延伸至另一幅桥面上行走。

滑模摊铺机履带上下桥的台阶部位应提前 2~3 天铺设混凝土坡道,长度不宜短于钢筋混凝土搭板。

桥上的基准线桩可与桥梁上的锚固钢筋暂时焊接固定,间距不大于 10m。

滑模连续铺装路面、搭板和桥面时,基准线应连接顺直轨道摊铺机、三辊轴机组或小型机具铺装桥面时,轨模或模板应采用特制的低矮(轨)模板。不能整幅铺装桥面时,接续摊铺一侧的模板宜使用中空型,以利钢筋穿过,不得用模板将钢筋网压贴到梁板上。搭板的模板可采用路面模板,高程不足时,可提前铺设混凝土底座。路面、搭板和桥面连续铺装时,(轨)模板应连续顺直。

②连续机械铺装

滑模和轨道摊铺机应缓慢、匀速、连续不间断地摊铺路面、胀缝、搭板、桥面。设钢筋网的涵洞顶面层的摊铺应与相应钢筋混凝土路面相同。滑模摊铺机上以下桥面,应及时调整侧模高度,使边缘尽量少振动漏料。三辊轴机组铺装桥面时,应与钢筋混凝土路面摊铺要求相同。

钢筋混凝土桥面铺装层的铺装厚度应采取双控措施:厚度代表值应满足设计要求;极限最小厚度不应小于设计厚度 20mm。不能同时满足两者要求时,应在保证翼缘板厚度的前提下,凿除突起部分。

整体摊铺钢筋混凝土搭板(加枕梁或肋梁)的总厚度不得大于 400mm。超厚部分应人工浇筑并振实底部。

应精确放样桥台接缝和伸缩缝位置。铺装前宜在伸缩缝、桥台接缝底部设隔离层,应在桥台接缝处安装稳固的胀缝板。待桥面铺装后,剔除伸缩缝位置未硬化混凝土,然后按规定安装伸缩缝。浇筑伸缩缝的混凝土中应加入不少于体积掺量 0.8% 的钢纤维。伸缩缝部位钢纤维混凝土强度等级不宜低于 C40,应采用机械强制拌和,并掺加高效减水剂。

(2)钢纤维水泥混凝土桥面铺装

1)钢纤维混凝土路面的布料与摊铺除应满足滑模、轨道和三辊轴机组摊铺普通混凝土路面的规定外,尚应符合下列规定。

①所采用的各种机械布料与摊铺方式,应保证面板内钢纤维分布的均匀性及结构连续性,在一块面板内的浇筑和摊铺不得中断。

②布料松铺高度应通过试铺确定。拌和物坍落度相同时,宜比相同机械施工方式的普通混凝土路面松铺高度高 10mm 左右。

③钢纤维混凝土拌和物应与所选定的摊铺方式相适应。

2)钢纤维混凝土路面的振捣与整平

①所采用的振捣机械和振捣方式除应保证钢纤维混凝土密实性外,尚应保证钢纤维在混凝土中分布的均匀性。

②除应满足各交通等级路面平整度要求外,整平后的面板表面不得裸露上翘的钢纤维,表面10~30mm深度内的钢纤维应基本处于平面分布状态。

③采用滑模摊铺机、轨道摊铺机铺筑钢纤维混凝土路面时,振捣棒组的振捣频率不宜低于10000r/min,振捣棒组底缘应严格控制在面板表面位置,不得将振捣棒组插入路面钢纤维混凝土内部振捣。

④采用三辊轴机组摊铺钢纤维混凝土路面时,不得将振捣棒组插入路面钢纤维混凝土内部振捣,也不得使用人工插捣。可采用大功率平板式振捣器振捣密实,再采用振动梁压实整平。振动梁底面应设凸棱以利表层钢纤维和粗骨料压入。然后用三辊轴整平机将表面滚压平整。再用3m以上刮尺、刮板或抹刀纵横向精平表面。

3. 钢桥面铺装

(1)钢桥面铺装必须具有以下功能性要求:能与钢板紧密结合成为整体,变形协调一致;防水性能良好,防止钢桥面生锈、出塑形;具有足够的耐久性和有较小的温度敏感性,满足使用条件下的高温抗流动变形能力、低温抗裂性能、水稳定性、抗疲劳性能、表面抗滑的要求;与钢板黏结良好,具有足够的抗水平剪切重复荷载及蠕变变形的能力。

(2)钢桥面铺装结构通常由防锈层、防水黏结层、沥青面层等组成。

(3)涂刷防水层前应对钢板焊缝和吊钩残留物仔细平整,彻底除锈,清扫干净。

(4)钢桥面铺装的防水黏结层必须紧跟防锈层后涂刷,防水黏结层宜采用高黏度的改性沥青、环氧沥青、防水卷材。当采用浇筑式沥青混凝土铺筑桥面铺装时,可不设防水黏结层。

(5)钢桥面铺装使用的改性沥青,宜单独提出相应的技术要求。沥青层的压实设备和压实工艺,应通过力学验算并经试验验证,防止钢桥面主体受损。

(6)铺设过程中必须保持桥面整洁,不得堆放与施工无关的材料、机械、杂物。

(7)钢桥面铺装宜在无雨少雾季节、干燥状态下施工。

二、人行道、护栏、缘石施工技术

人行道、护栏、缘石等都属于桥面系附属工程,它们对桥梁的正常使用并较好地完成桥梁功能也是非常重要的。下面将简要介绍这些附属工程的施工。

1. 人行道施工

人行道顶面一般高出桥面250~300mm,按人行道板安装在主梁上的位置分搁置式和悬臂式。

有吊装能力时,可将人行道板和梁整体分块预制,整体悬砌出边梁之外,使施工快而方便。分块式人行道板,预制块件小而轻,但施工烦琐,整体性差。人行道板一般是预制拼装,也可现浇。在预制或现浇人行道板时,要注意预留出安装灯柱、栏杆的位置,埋设好预埋件人行道梁必须采用稠水泥砂浆坐浆安装,并以此来形成人行道顶面的横向排水坡;安装悬臂式人行道板时,须注意将构件上设置的钢板与桥面板内的锚栓焊牢,完成人行道梁的锚固后,才可安砌或浇筑人行道板。若设计无锚固的人行道梁,人行道板的铺设应按照由里向外的次序操作。

人行道应在桥面断缝处做成伸缩缝,人行道防水层通过人行道板与路缘石砌缝外与桥面防水层连成整体。

2.栏杆与护栏施工

栏杆是桥梁工程的重要组成部分,对桥梁工程的评价起着直观的作用。栏杆施工不仅要保证质量,还要满足艺术和美观的要求。

栏杆(护栏)施工的一般规定和要求。

(1)安装或现浇栏杆(护栏),应在人行道板施工完成后进行,对钢筋混凝土护栏还必须在跨间的支架及脚手架拆除以后,桥跨处于自承的状态下才可进行。

(2)金属制栏杆(护栏)构件在安装前应进行质量检查和试验,只有被确认符合质量标准的栏杆(护栏)产品才可以使用,并应按设计图或产品供货商提供的详细施工安装方法进行施工。

(3)栏杆(护栏)必须全桥对直、校平(弯桥、坡桥要求平顺);栏杆(护栏)顶的高程应符合设计要求,以使线形顺适,外表美观,不得有明显的下垂和拱起。竣工后的栏杆(护栏)中线、内外两个侧面及相同部分上的各个杆件等,均应分别在一条直线或一个平面上。

(4)栏杆(护栏)的连接必须牢固。钢筋混凝土墙式护栏宜采用就地浇筑的方法进行施工,当采用预制件时,护栏与桥面板(人行道板)间需进行特殊的连接设计;人行栏杆立柱就位和嵌固是施工重点,必须严格保证填充水泥砂浆(或混凝土)的强度、捣实及养护工作符合要求。

(5)栏杆(护栏)的外表应平整、光洁、美观,钢筋混凝土栏杆(护栏)不应出现蜂窝、麻面,不合规格的构件一定要废除,金属构件在安装过程中应尽量避免损坏保护层;安装完成后,应对被损坏的保护层按规定方法修复。钢栏杆是混合式栏杆的外露钢筋,要采用双层防腐,确保防腐效果。

(6)伸缩缝要妥善处理。人行栏杆伸缩缝的设置和施工质量需保证栏杆节间随主梁一同伸缩,伸缩缝内应填满橡胶或沥青胶泥等弹性、不透水的材料,不应有松散的砂浆和活动时有可能剥落的砂浆薄皮。

3.护轮安全带和路缘石

护轮安全带可以做成预制块件安装或与桥面铺装层一起现浇。预制的安全带块件有矩形截面和肋板截面两种,而矩形截面最为常用。现浇的安全带宜每隔 2.5~3m 做一断缝,以避免与主梁的收缩不一致而被拉裂。

预制块件若采用人工搬运安装,每个块件的安装质量最大不应超过 200kg。安装前要精确放样,弯桥、坡桥要注意线形的平顺。块件必须坐浆安装,要落位准确,全桥对直,安装后线条直顺、整齐、美观。

路缘石一般为 80~350mm,与安全带相类似,其施工的方法和工艺要求亦与安全带相同。

第四章 市政工程施工准备工作

第一节 概述

施工准备工作是组织施工的首要工作,是施工组织的一个重要阶段,是对拟建工程生产要素的供应、施工方案的选择,以及其空间布置和时间安排等诸多方面进行的施工决策。准备工作的好坏直接关系到各项建设工作能否顺利进行,能否按预期的目的使施工生产达到高产、优质、低耗的要求,能否保质保量地如期完成各项施工任务,因此,施工准备工作对于充分调入的积极因素,合理地组织人力、物力,加速工程进度,提高工程质量,降低工程成本,节约投资和原材料等都起着重要的作用。

没有做好必要的准备就贸然施工必然会造成现场混乱、交通阻塞,停工窝工,不仅浪费人力、物力、时间,而且还可能酿成重大的质量事故和安全事故。因此,开工前必须做好必要的施工准备工作,有合理的施工准备期,研究和掌握工程特点、工程施工的进度要求,摸清工程施工的客观条件,合理地部署施工力量,从技术、组织和人力、物力等各方面为施工创造必要的条件。

一、施工准备工作的概念

道路工程项目总的程序按照决策、设计、施工和竣工验收四大阶段进行。其中施工阶段又分为施工准备、路基施工、路面施工和附属工程施工阶段。

施工准备工作是指施工前为了保证整个工程能够按计划顺利施工,在事先必须做好的各项准备工作,具体内容包括为施工创造必要的技术、物资、人力、现场和外部组织条件,统筹安排施工现场,以便施工得以好、快、省、安全地进行,是施工程序中的重要环节。

二、施工准备工作的意义

施工准备工作是企业搞好目标管理、推行技术经济责任制的重要依据,同时又是土建施工和设备安装顺利进行的根本保证。因此,认真做好施工准备工作,对于发挥企业优势、合理供应资源、加快施工速度、提高工程质量、降低工程成本、增加企业经济效益、赢得社会信誉、实现企业管理现代化等具有重要意义。

不管是整个的建设项目,还是单项工程,或者是其中的任何一个单位工程,甚至单位工程中的分部、分项工程,在开工之前都必须进行施工准备。施工准备工作是施工阶段的一个重要环节,是施工项目管理的重要内容。施工准备的根本任务是为正式施工创造良好的条件。

施工准备工作不只限于开工前的准备,而应贯穿于整个施工过程中,随着施工生产活动的进展,在每一个施工阶段都要根据各阶段的特点及工期等要求,做好各项施工准备工作,才能确保整个施工任务的顺利完成。

施工准备工作的进行需要花费一定的时间,似乎推迟了建设进度,但实践证明,施工准备工作做好了,施工不但不会慢,反而会更快,而且也可以避免浪费,有利于保证工程质量和施工安全,对提高经济效益,亦具有十分重要的作用。

三、施工准备工作的分类

1. 按施工项目施工准备工作的范围不同分类

施工项目的施工准备工作按其范围的不同,一般可分为全场性施工准备、单位工程施工条件准备和分部分项工程作业条件准备三种。

（1）全场性施工准备

全场性施工准备是以整个建设项目或一个施工工地为对象而进行的各项施工准备工作。其特点是施工准备工作的目的、内容都是为全场性施工服务的,不仅要为全场性施工活动创造有利条件,而且要兼顾单位工程的施工条件准备。

（2）单位工程施工条件准备

单位工程施工条件准备是以单位工程为对象而进行的施工条件准备工作。其特点是施工准备工作的目的、内容都是为单位工程施工服务的,但它不仅要为该单位工程在开工前做好一切准备,而且还要为分部分项工程做好施工准备工作。

（3）分部分项工程作业条件准备

分部分项工程作业条件的准备是以一个分部分项工程或冬雨期施工项目为对象而进行的作业条件准备,是基础的施工准备工作。

2. 按施工阶段分类

施工准备工作按拟建工程所处的不同施工阶段,一般可分为开工前的施工准备和各分部分项工程施工前的准备两种。

（1）开工前施工准备

开工前施工准备是在拟建工程正式开工之前所进行的一切施工准备工作。其目的是为拟建工程正式开工创造必要的施工条件。它既可能是全场性的施工准备,也可能是单位工程施工条件准备。

（2）各分部分项工程施工前的准备

各分部分项工程施工前的准备是在拟建工程正式开工之后，在每一个分部分项工程施工之前所进行的一切施工准备工作。其目的是为各分部分项工程的顺利施工创造必要的施工条件。又称为施工期间的经常性施工准备工作，也称为作业条件的施工准备。它带有局部性和短期性，又带有经常性。

综上所述，施工准备工作不仅在开工前的准备期进行，还贯穿于整个过程中，随着工程的进展，在各个分部分项工程施工之前，都要做好施工准备工作。施工准备工作既要有阶段性，又要有连贯性。因此，施工准备工作必须有计划、有步骤、分阶段进行，它贯穿于整个工程项目建设的始终。在项目施工过程中，首先，要求准备工作一定要达到开工所必备的条件方能开工；其次，随着施工的进程和技术资料的逐渐齐备，应不断增加施工准备工作的内容，加深深度。

第二节　技术资料准备

施工技术准备工作是工程开工前期的一项重要工作，其主要工作内容有以下几方面。

一、图纸会审，技术交底

图纸会审、技术交底是基本建设技术管理制度的重要内容。工程开工前，在总工程师的带领下集中有关技术人员仔细审阅图纸，将不清楚或不明白的问题汇总，通知业主、监理及设计单位及时解决。图纸会审由建设单位（监理单位）负责召集，是一次正式会议，各方可先审阅图纸，汇总问题，在会议上由设计单位解答或各方共同确定。测量复核成果，对所有控制点、水准点进行复核，与图纸有出入的地方及时与设计人员联系解决。

技术交底一般分为设计技术交底、施工组织设计交底、试验专用数据交底、分部分项或工序安全技术交底等几个层次。工程开工后，对每一工序由总工程师组织技术人员向施工人员及作业班组交底。

二、调查研究，收集资料

市政工程涉及面广，工程量大，影响因素多，所以施工前必须对所在地区的特征和技术经济条件进行调查研究，并向设计单位、勘测单位及当地气象部门收集必要的资料。主要包括以下几方面：有关拟建工程的设计资料和设计意图、测量记录和水准点位置、原有各种地下管线位置等；各项自然条件资料，如气象资料和水文地质资料等；当地施工条件资料，如当地材料价格及供应情况，当地机具设备的供应情况，当地劳动力的组织形式、技术水平，交通运输情况及能力等资料。

三、编制施工组织设计

施工组织设计是施工前准备工作的重要组成部分,又是指导现场准备工作、全面部署生产活动的依据,对于能否全面完成施工生产任务起着决定性作用,因此在施工前必须收集有关资料,编制施工组织设计。

1.道路施工组织设计的特点

(1)道路工程要用许多材料混合加工,因此道路的施工必须和采掘、加工、储存这些材料的基地工作密切联系。组织路面施工时,也应考虑混合料拌和站的情况,包括拌和站的规模、位置等。

(2)在设计路面施工进度时必须考虑路面施工的特殊要求。例如,沥青类路面不宜在气温过低时施工,这就需安排在温度相对适宜的时间内施工。

(3)路面施工的工序较多,合理安排工序间的衔接是关键。垫层、基层、面层以及隔离带、路缘石等工序的安排,在确保养生期要求的条件下,应按照自下而上、先主体后附属的顺序进行。

2.道路施工组织设计的编制程序

根据设计道路的类型进行现场勘察与选择,确定材料供应范围及加工方法;选择施工方法和施工工序;计算工程量;编制流水作业图,布置任务,组织工作班组;编制工程进度计划;编制人、材、机供应计划;制定质量保证体系、文明施工及环境保护措施。

3.编制施工预算

施工预算是施工单位内部编制的预算,是单位工程在施工时所需人工、材料、施工机械台班消耗数量和直接费用的标准,以便有计划、有组织地进行施工,从而达到节约人力、物力和财力的目的。其内容主要包括以下两方面。

(1)编制说明书包括编制的依据、方法、各项经济技术指标分析,以及新技术、新工艺在工程中应用等。

(2)工程预算书主要包括工程量汇总表、主要材料汇总表、机械台班明细表、费用计算表、工程预算汇总表等。

第三节　组织准备

一、组建项目经理部

施工项目经理部是指在施工项目经理领导下的施工项目经营管理层,其职能是对施工项目实行全过程的综合管理。施工项目经理部是施工项目管理的中枢,是施工企业内部相对独立的一个综合性的责任单位。

1.项目经理部的设置原则

项目经理部的机构设置要根据项目的任务特点、规模、施工进度、规划等方面的条件确定,其中要特别遵循三个原则。

(1)项目经理部功能必须完备。

(2)项目经理部的机构设置必须根据施工项目的需要实行弹性建制,一方面要根据施工任务的特点确定设立什么部门,另一方面要根据施工进度和规划安排调节机构的人数。

(3)项目经理部的机构设置要坚持现代组织设计的原则,首先要反映出施工项目目标的要求,其次要体现精简、效率、统一的原则及分工协作的原则和责任权利统一原则。

2.项目经理部的机构设置

施工项目经理部的设置和人员配备要根据项目的具体情况而定,一般应设置以下几个部门。

(1)工程技术部门:负责执行施工组织设计,组织实施,计算统计,施工现场管理,解决和处理工程进展中随时出现的技术问题、调度施工机械,协调各部门间以及与外部单位间的关系。

(2)质安环保部门:负责施工过程中质量的检查、监督和控制工作,以及安全文明施工、消防保卫和环境保护等工作。

(3)材料供应部门:要在开工前就提出材料、机具供应计划,包括材料、机具计划量和供应渠道;在施工过程中,要负责施工现场各施工作业层间的材料协调,以保证施工进度。

(4)合同预算部门:主要负责合同管理、工程结算、索赔、资金收支、成本核算、财务管理和劳动分配等工作。

二、组建专业施工班组

1.选择施工班组

如在路面施工中,面层、基层和垫层除构造有变化外,工程量基本相同。因此,我们便可以根据不同的面层、基层、垫层,不同的工作内容选择不同的施工队伍,按均衡的流水作业施工。

2.劳动力的调配

劳动力的调配一般应遵循这样的规律:开始时调少量工人进入工地做准备工作,随着工程的开展,陆续增加工作人员;工程全面展开时可将工人人数增加到计划需要量的最高额,然后尽可能保持人数稳定,直到工程部分完成后,逐步分批减少人员,最后由少量工人完成收尾工作。尽可能避免发生工人数量骤增、骤减的现象。

第四节　其他准备工作

一、施工现场准备

施工现场是参加道路施工的全体人员为优质、安全、低成本和高速度完成施工任务而进行工作的活动空间。施工现场准备工作是为拟建工程施工创造有利的施工条件和物质保证的基础。其主要内容包括：拆除障碍物，搞好"三通一平"；做好施工场地的控制网测量与放线；搭设临时设施；安装调试施工机具，做好建筑材料、构配件等的存放工作；做好冬、雨季施工安排；设置消防、保安设施和机构。

另外，路基、路面的施工均为长距离线形工程，受季节变化的影响很大，为使工程施工能保证质量按期开工，必须做好线路复测、查桩、认桩工作，高温季节要做好降温防暑等工作。

二、施工物资准备

1. 物资准备工作的内容

材料的准备；配件和制品的加工准备；安装机具的准备；生产工艺设备的准备。

2. 物资准备的注意事项

（1）无出厂合格证明或没有按规定进行复验的原材料、不合格的配件，一律不得进场和使用。严格执行施工物资的进场检查验收制度，杜绝假冒伪劣产品进入施工现场。

（2）施工过程中要注意查验各种材料、构配件的质量和使用情况，对不符合质量要求、与原试验检测品种不符或有怀疑的，应提出复试或化学检验的要求。

（3）进场的机械设备必须进行开箱检查验收，产品的规格、型号、生产厂家和地点、出厂日期等必须与设计要求完全一致。

三、施工准备工作的实施

1. 施工准备中各种关系的协调

项目施工涉及许多单位、企业工程的协作和配合，因此施工准备工作也必须将各专业、各工种的准备工作统筹安排，协调配合起来，取得建设单位、设计单位、监理单位以及有关单位的大力支持，分工协作，才能顺利有效地实施。

2. 编制施工准备工作计划

为较好地落实各项施工准备工作，应根据各项准备工作的内容、时间和人员编制施工准备工作计划，责任落实到人，并加强对计划的检查和监督，保证准备工作如期完成。

各项准备工作之间有相互依存的关系，应编制条形计划或网络计划。提倡编制网络计划,明确各项施工准备工作之间相互依赖、相互制约的关系,找出关键的施工准备工作,便于检查和调整。

3. 建立严格的施工准备工作责任制

由于施工准备工作范围广、项目多、时间长,故必须有严格的责任制,使施工准备工作得以真正落实。在编制了施工准备工作计划以后,就要按计划将责任明确到有关部门甚至个人,以便按计划要求的内容及完成时间进行工作。各级技术负责人在施工准备工作中应负的领导责任应予以明确,以便推动和促进各级领导认真做好施工准备工作。现场施工准备工作应由项目经理部全权负责。

4. 建立施工准备工作检查制度

在施工准备工作实施的过程中,应定期进行检查,可按周、半月、月度进行检查。检查的目的是考察施工准备工作计划的执行情况。如果没有完成计划要求,应认真分析,找出原因,排除障碍,协调施工准备工作进度或调整施工准备工作计划。检查的方法可将实际与计划进行对比,即"对比法";还可采用会议法,即相关单位或人员在一起开会,检查施工准备工作情况,当场分析产生问题的原因,提出解决问题的办法。后一种方法见效快,解决问题及时,应在制度中规定,多予采用。

5. 坚持按建设程序办事,实行开工报告和审批制度

当施工准备工作完成,且具备开工条件后,项目经理部应及时向监理工程师提出开工申请,经监理工程师审批,并下达开工令后,及时组织开工,不得拖延。

第五章 市政工程项目施工管理

第一节 施工项目管理

一、施工项目

1. 施工项目的概念

施工企业自工程施工投标开始到保修期满为止的全过程中完成的项目,是指作为施工企业被管理对象的一次性施工任务,简称施工项目。

建筑项目与施工项目的范围和内容虽然不同,但两者均是项目,服从于项目管理的一般规律,两者所进行的客观活动共同构成工程活动的整体。施工企业需要按建筑单位的要求交付建筑产品,两者是建筑产品的买卖双方。

2. 施工项目的特点

施工项目可以是建筑项目,也可能是其中的一个单项工程或单位工程的施工活动过程;施工项目以建筑施工企业为管理主体;施工项目的任务范围受限于项目业主和承包施工的建筑施工企业所签订的施工合同;施工项目产品具有多样性、固定性、体积庞大等特点。

二、施工项目管理概述

1. 施工项目管理的概念

施工项目管理是施工企业运用系统的观点、理论和科学技术对施工项目进行计划、组织、监督、控制、协调等全过程、全方位的管理,实现按期、优质、安全、低耗的项目管理目标。它是整个建筑工程项目管理的一个重要组成部分,其管理的对象是施工项目。

2. 施工项目管理的特点

（1）施工项目的管理者是建筑施工企业

由业主或监理单位进行的工程项目管理中涉及的施工阶段管理仍属建筑项目管理,不能算作施工项目管理,即项目业主和监理单位都不进行施工项目管理。项目业主在建筑工程项目实施阶段,进行建筑项目管理时涉及施工项目管理,但只是建筑工程项目发包方和承包方的关系,是合同关系,不能算作施工项目管理。监理单位受项目业主委托,在建筑工程项目实施阶段进行建筑工程监理，把施工单位作为监督对象，虽与施工项目管理有关，但也不是施工项目管理。

（2）施工项目管理的对象是施工项目

施工项目管理的周期就是施工项目的生产周期，包括工程投标、签订工程项目承包合同、施工准备、施工及交工验收等。施工项目管理的主要特殊性是生产活动与市场交易活动同时进行，先有施工合同双方的交易活动，后才有建筑工程施工，是在施工现场预约、订购式的交易活动，买卖双方都投入生产管理。所以施工项目管理是对特殊的商品、特殊的生产活动，在特殊的市场上进行的特殊交易活动的管理，其复杂性和艰难性都是其他生产管理所不能比拟的。

（3）施工项目管理的内容是按阶段变化的

施工项目必须按施工程序进行施工和管理。从工程开工到工程结束，要经过一年甚至十几年的时间，经历了施工准备、基础施工、主体施工、装修施工、安装施工、验收交工等多个阶段，每一个工作阶段或工作任务和管理的内容都有所不同。因此，管理者必须做出设计、提出措施，进行有针对性的动态管理，使资源优化组合，以提高施工效率和施工效益。

（4）施工项目管理要求强化组织协调工作

由于施工项目生产周期长，参与施工的人员多，施工活动涉及许多复杂的经济关系、技术关系、法律关系、行政关系和人际关系等，所以施工项目管理中的组织协调工作最为艰难、复杂、多变，必须采取强化组织协调的措施才能保证施工项目顺利实施。

3. 施工项目管理的目标

施工方作为项目建筑的一个参与方，其项目管理主要服务于项目的整体利益和施工方本身的利益，其项目管理的目标包括施工的安全管理目标、施工的成本目标、施工的进度目标和施工的质量目标。

4. 施工项目管理的任务

施工项目管理的主要任务包括下列内容：施工项目职业健康安全管理；施工项目成本控制；施工项目进度控制；施工项目质量控制；施工项目合同管理；施工项目沟通管理；施工项目收尾管理。

施工方的项目管理工作主要在施工阶段进行，但由于设计阶段和施工阶段在时间上往往是交叉的，因此，施工方的项目管理工作也会涉及设计阶段。在动用资金前准备阶段和保修期施工合同尚未终止在这期间，还有可能出现涉及工程安全、费用、质量、合同和信息等方面的问题，因此，施工方的项目管理也涉及动工前准备阶段和保修期。

三、施工项目管理程序

1. 投标与签订合同阶段

建筑单位对建筑项目进行设计和建筑准备，在具备了招标条件以后，便发出招标公告或邀请函。施工单位见到招标公告或邀请函后,从做出投标决策至中标签约,实质上便是在进行施工项目的工作,本阶段的最终管理目标是签订工程承包合同,并主要进行以下工作:建筑施工企业从经营战略的角度做出是否投标争取承包该项目的决策;决定投标以后,从多方面(企业自身、相关单位,市场、现场等)掌握大量信息;编制能使企业盈利又有竞争力的标书;如果中标,则与招标方谈判,依法签订工程承包合同,使合同符合国家法律、法规和国家计划,符合平等互利原则。

2. 施工准备阶段

施工单位与投标单位签订了工程承包合同,交易关系正式确立以后,便应组建项目经理部,然后以项目经理为主,与企业管理层、建筑(监理)单位配合,进行施工准备,使工程具备开工和连续施工的基本条件。

这一阶段主要进行以下工作:成立项目经理部,根据工程管理的需要建立机构,配备管理人员;制订施工项目管理实施规划,以指导施工项目管理活动;进行施工现场准备,使现场具备施工条件,利于进行文明施工;编写开工申请报告,等待批准开工。

3. 施工阶段

这是一个自开工至竣工的实施过程,在这一段过程中,施工项目经理部既是决策机构,又是责任机构。企业管理层、项目业主、监理单位的作用是支持、监督与协调。这一阶段的计划是完成合同规定的全部施工任务,达到验收、交工的条件。这一阶段主要进行以下工作:进行施工;在施工中努力做好动态控制工作,保证质量目标、进度目标、成本目标、安全目标和盈利目标的实现;管理好施工现场,实行文明施工;严格履行施工合同,处理好内外关系,管理好合同变更及索赔;做好记录、协调、检查和分析工作。

4. 验收、交工与结算阶段

这一阶段可称作"结束阶段"与建筑项目的竣工验收阶段协调同步进行。其目标是对成果进行总结、评价,对外结清债权债务,结束交易关系。本阶段主要进行以下工作:工程结尾;进行试运转;接受正式验收;整理、移交竣工文件,进行工程款结算,总结工作、编制竣工总结报告;办理工程交付手续,项目经理部解体。

5. 使用后服务阶段

这是施工项目管理的最后阶段,即在竣工验收后,按合同规定的责任期提供用后服务,回访与保修其目的是保证使用单位正常使用,发挥效益。该阶段中主要进行以下工作:为保证工程正常使用而做的必要的技术咨询和服务;进行工程回访,听取使用单位的意见,总结经验教训,观察使用中的问题,进行必要的维护、维修和保修;进行沉陷、抗震等性能的观察。

第二节　施工项目技术管理

一、施工项目技术管理的重要性

市政工程项目施工管理的目标就是在确保合同规定的工期和质量要求的前提下，力求降低工程施工成本，追求施工的最大利润。要达到保证工程质量，保证按期交工，同时还要力求降低工程施工成本，就要在工程施工管理过程中抓好技术管理工作。通过技术管理工作，做好施工前各项准备，加强施工过程重点难点控制，科学管理现场施工，优化配置提高劳动生产率，降低资源消耗，进而达到质量、进度和成本多方面的和谐统一。简单来说，做好施工技术管理工作就能掌握工程施工的重心，为工程顺利实施提供最好的服务和保障。

二、施工技术管理工作的内容

施工项目技术管理工作具体包括技术管理基础性工作、施工过程的技术管理工作、技术开发管理工作、技术经济分析与评价等。项目经理部应根据项目规模设置项目技术负责人，项目经理部必须在企业总工程师和技术管理部门的指导下，建立技术管理体系。项目经理部的技术管理应执行国家技术政策和企业的技术管理制度，项目经理部可自行制定特殊的技术管理制度，并经总工程师审批。施工项目技术管理工作主要有以下两个方面的内容。

1. 日常性的技术管理工作

日常性技术管理工作是施工技术管理工作的基础。它包括制定技术措施和技术标准；编制施工管理规划；施工图纸的熟悉、审查和会审；组织技术交底；建立技术岗位责任制；严格贯彻技术规范和规程；执行技术检验和规程；监督与控制技术措施的执行，处理技术问题等；技术情报、技术交流、技术档案的管理工作，以及工程变更和变更洽谈等。

2. 创新性的技术管理工作

创新性技术管理工作是施工技术管理工作的进一步提高。它包括进行技术改造和技术创新；开发新技术、新结构、新材料、新工艺；组织各类技术培训工作；根据需要制定新的技术措施和技术标准等。

三、建立技术岗位责任制

建立技术岗位责任制是对各级技术人员建立明确的职责范围，以达到各负其责，各司其职，充分调动各级技术人员的积极性和创造性。虽然项目技术管理不能仅仅依赖于单纯的工程技术人员和技术岗位责任制，但是技术岗位责任制的建立，对于搞好项目基础技术工作，对于认真贯彻国家技术政策，对于促进生产技术的发展和保证工程质量都有着极为重要的作用。

1. 技术管理机构的主要职责

（1）组织贯彻执行国家有关技术政策和上级颁发的技术标准、规定、规程和个性技术管理制度。

（2）按各级技术人员的职责范围分工负责，做好日常性的技术业务工作。

（3）负责收集和提供技术情报、技术资料、技术建议和技术措施等。

（4）深入实际，调查研究，进行全过程的质量管理，进行有关技术咨询，总结和推广先进经验。

（5）科学研究，开发新技术，负责技术改造和技术革新的推广应用。

2. 项目经理的主要职责

为了确保项目施工的顺利进行，杜绝技术问题和质量事故的发生，保证工程质量，提高经济效益，项目经理应抓好以下技术工作。

（1）贯彻各级技术责任制，明确中级人员组织和职责分工。

（2）组织审查图纸，掌握工程特点与关键部位，以便全面考虑施工部署与施工方案。

（3）决定本工程项目拟采用的新技术、新工艺、新材料和新设备。

（4）主持技术交流，组织全体技术管理人员对施工图和施工组织的设计、重要施工方法和技术措施等进行全面深入的讨论。

（5）进行人才培训，不断提高职工的技术素质和技术管理水平。一方面为提高业务能力而组织专题技术讲座；另一方面应结合生产需要，组织学习规范规程、技术措施、施工组织设计以及与工程有关的新技术等。

（6）深入现场，经常检查重点项目和关键部位。检查施工操作、原材料使用、检验报告、工序搭接、施工质量和安全生产等方面的情况，对出现的问题、难点、薄弱环节，要及时提交给有关部门和人员研究处理。

3. 各级技术人员的主要职责

（1）总工程师的主要职责

总工程师是施工项目的技术负责人，对重大技术问题中的技术疑难问题有权做出决策。其主要职责如下：全面负责技术工作和技术管理工作；贯彻执行国家的技术政策、技术标准、技术规程、验收规范和技术管理制度等；组织编制技术措施纲要及技术工作总结；领导开展技术革新活动，审定重大的技术革新、技术改造和合理化建议；组织编制和实施科技发展规划、技术革新计划和技术措施计划；组织编制和审批施工组织设计和重大施工方案，组织技术交底，参加竣工验收；参加引进项目的考察和谈判；主持技术会议，审定签发技术规定、技术文件，处理重大施工技术问题；领导技术培训工作，审批技术培训计划。

（2）专业工程师的主要职责

主持编制施工组织设计和施工方案，审批单位工程的施工方案；主持图纸会审和工程的技术交底；组织技术人员学习和贯彻执行各项技术政策、技术规程、规范、标准和各项技术管理制度;组织制定保证工程质量和安全的技术措施,主持主要工程的质量检查,处理施工质量和施工技术问题;负责技术总结,汇总竣工资料及原始技术凭证;编制专业的技术革新计划,负责专业的科技情报、技术革新、技术改造和合理化建议,对专业的科技成果组织鉴定。

(3)单位工程技术负责人的主要职责

全面负责施工现场的技术管理工作;负责单位工程图纸审查及技术交流;参加编制单位工程的施工组织设计,并贯彻执行;负责贯彻执行各项专业技术标准,严格执行验收规范和质量鉴定标准;负责技术复核工作,如对轴线、标高及坐标等的复核;负责单位工程的材料检验工作;负责整理技术档案原始资料及施工技术总结,绘制竣工图;参加质量检查和竣工验收工作。

二、质量控制的系统过程

工程施工是使工程设计意图最终实现并形成工程实体的阶段,也是最终形成工程产品质量和工程项目使用价值的重要阶段,因此,施工阶段的质量控制是工程项目质量控制的重点。质量控制的系统过程就是要围绕影响工程质量的各种因素,对工程项目的施工进行有效的监督和管理。

1.施工质量控制的系统过程

由于施工阶段是使工程设计意图最终实现并形成工程实体的阶段,是最终形成工程实体质量的过程,所以施工阶段的质量控制是一个由对投入的资源和条件进行质量控制,进而对生产过程及各环节质量进行控制,直到对所完成的工程产出品进行质量检验与控制的全过程的系统控制过程。这个过程可以根据施工阶段工程实体质量形成的时间阶段不同来划分,也可以根据施工阶段工程实体形成过程中物质形态的转化来划分,或将施工的工程项目作为一个大系统,按施工层次加以分解来划分。

(1)按工程实体质量形成过程的时间阶段划分

施工阶段的质量控制可以分为以下三个环节。

1)质量预控。指在各工程对象正式施工活动开始前,对各项准备工作及影响质量的各因素进行控制,这是确保施工质量的先决条件。

2)质量过程控制。指在施工过程中对实际投入的生产要素质量及作业技术活动的实施状态和结果所进行的控制,包括作业者发挥技术能力过程的自控行为和来自有关管理者的监控行为。质量过程控制的时间周期长,具体内容繁杂。对于不同的建筑结构,对过程的不同部位及针对不同的要求,质量过程控制都有不同的具体内容和控制要点,所以要具体分析和对待。

3)质量检验控制。也称过程质量验收。与一般工业产品的出厂检验不同,过程质量验收由许多中间环节验收组成,如分部工程验收、分项工程验收、结构验收、隐蔽工程验收、各专业验收等,最后再进行单位工程施工质量竣工验收。

（2）按工程实体形成过程中物质形态转化的阶段划分。

由于工程对象的施工是一项物质生产活动，所以施工阶段的质量控制系统过程也是由以下三个阶段的系统控制过程组成的。

1）对投入的物质资源质量的控制。

2）施工过程质量控制。即在投入的物质资源转化为工程产品的过程中，对影响产品的各因素、各环节及中间产品的质量进行控制。

3）对已完成工程产出品质量的控制与验收。

在上述三个阶段的系统过程中，前两个阶段对于最终产品质量的形成具有决定性的作用，而所有投入的物质资源的质量控制对最终产品质量又具有举足轻重的影响，所以，质量控制的系统过程中，无论是对投入物质资源的控制，还是对施工即安装生产过程的控制，都应当对影响工程实体质量的五个重要因素，即施工有关人员因素、材料（包括半成品、购配件）因素、机械设备因素（生产设备即施工设备）、施工方法（施工方案及工艺）因素以及环境因素等进行全面的控制。

（3）按工程项目施工层次划分

通常任何一个大中型建筑工程项目可以划分为若干层次。例如，对于建筑工程项目按照国家标准可以划分为单位工程、分部工程、分项工程、检验批等层次，各组成部分之间具有一定的施工先后顺序的逻辑关系。其中，施工工序的质量控制是最基本的质量控制，它决定了有关检验批的质量，而检验批的质量又决定了分项工程的质量，分项工程的质量又决定了分部工程的质量，而分部工程的质量又决定了单位工程的质量。

2. 工序质量控制

工程质量控制要落实到可操作的施工工序中去。

（1）加强材料设备的进场验收

对主要材料、半成品、成品、建筑构配件、设备规定了进场验收分三个层次进行：进入现场都应进行验收；凡涉及安全、功能的有关产品，应按有关专业的规范进行复验，不经监理工程师检查认可签字，不得用于工程中；按规定条件和要求进行堆存、保管和加工。

（2）完善工序质量的控制，按"三点制"的质量控制制度实施

1）控制点。按工序的工艺流程，在各点按技术标准进行质量控制，称为质量控制点。对质量控制点提出控制措施进行质量控制使工艺流程中的每个点都能达到质量要求。

2）检查点。在工艺流程中，找出比较重要的控制点施行质量检查，以说明质量控制措施的有效性和控制效果。这种检查不必停产进行。

3）停止点。在重要质量控制点和检查点进行全面的检查，结果填入检验批自行检验评定表。这种检查要求停产进行，有班组自检和项目专业的质量员自行检验两种方式。

（3）各工序完成之后或各专业工种之间进行交接检验

为了使后道工序质量得到保证，并分清质量责任，每道工序完成后，要进行工序质量检验，形成质量记录，这实际上是对工程质量的合格控制。

四、施工技术管理的基本制度

项目管理的效率性条件之一就是制度的保证。技术管理工作的基础工作是技术管理制度,包括制度的建立、健全、贯彻与执行。主要管理制度有以下几种。

1.图纸审查制度

图纸是进行施工的依据,施工单位的任务就是按照图纸的要求,高速优质地完成施工项目。图纸审查的目的在于熟悉和掌握图纸的内容和要求;解决各工种之间的矛盾和协作;发现并更正图纸中的差错和遗漏;提出不便于施工的设计内容,进行洽商和更正。图纸审查的步骤可分为学习、初审、会审三个阶段。

(1)学习阶段

学习图纸主要是摸清建筑规模和工艺流程、结构形式和构造特点、主要材料和特殊材料、技术标准和质量要求,以及坐标和标高等,应充分了解设计意图及对施工的要求。

(2)初审阶段

掌握工程的基本情况以后,分工种详细核对各工种的详图,核查有无错、漏洞等问题,并对有关影响建筑物安全、使用、经济的问题提出初步修改意见。

(3)会审阶段

系指各专业之间对施工图的审查。在初审的基础上,各专业之间核对图纸是否相符,有无矛盾、消除差错,协商配合施工事宜。对图纸中有关影响建筑物安全、使用、经济等问题提出修改意见,还应研究设计中提出的新结构、新技术实现的可能性和应采取的必要措施。

2.技术交底制度

技术交底是在正式施工之前,对参与施工的有关管理人员、技术人员和技术工人交代工程情况和技术要求,避免发生指导和操作错误,以便科学地组织施工,并按合理的工序、工艺流程进行作业。技术交底的主要内容如下。

(1)图纸交底目的是使施工人员了解设计意图、建筑和结构的主要特点、重要部位的构造和要求等,以便掌握设计要点,做到按图施工。

(2)施工组织设计交底要将施工组织设计的全部内容向施工人员交代,以便掌握工程特点、施工部署、任务划分、进度要求、主要工种的相互配合、施工方法、主要机械设备及各项管理措施等。

(3)设计变更交底将设计变更的部位向施工人员交代清楚,讲明变更的原因,以免施工时遗漏,造成差错。

(4)分项工程技术交底的主要内容是:对施工工艺、规范和规程的要求、材料的使用,质量标准及技术安全措施等;对新技术、新材料、新结构、新工艺及关键部位和特殊要求要着重交代,以便施工人员把握住重点。

技术交底可分级、分阶段进行。各级交底除口头和文字交底外,必要时用图纸、示范操作等方式进行。

3. 技术核定制度

技术核定是指对重要的关键部位或影响全工程的技术对象进行复核,避免发生重大差错而影响工程的质量和使用。核定的内容视工程情况而定,一般包括建筑物坐标、标高和轴线、基础和设备基础、模板、钢筋混凝土和砖砌体、大样图、主要管道和电气等,均要按质量标准进行复查和核定。

4. 检验制度

建筑材料、构件、零配件和设备质量的优劣直接影响建筑工程的质量。因此,必须加强检验工作,并健全试验检验机构,把好质量检验关。对材料、构件、零配件和设备的检查有下列要求。

(1)凡用于施工的原材料、半成品和构配件等必须有供应部门或厂方提供的合格证明。对没有合格证明或虽有合格证明,但经质量部门检查认为有必要复查时,均须进行检验或复验,证明合格后方能使用。

(2)钢材、水泥、砂、焊条等结构用材除了应有出厂合格证明或检验单外,还应按规范和设计要求进行检验。

(3)混凝土、砂浆、灰土、夯土、防水材料的配合比等都应严格按规定的部位及数量制作试块、试样,按时送交试验,检验合格后才能使用。

(4)对钢筋混凝土构件和预应力钢筋混凝土构件均应按规定的方法进行抽样检验。

(5)加强对工业设备的检查、试验和试运转工作。设备运到现场后,安装前必须进行检查验收、做好记录,重要的设备、仪器、仪表还应开箱检验。

5. 工程质量检查和验收制度

依照有关质量标准逐项检查操作质量,并根据施工项目特点分别对隐蔽工程、分项工程和竣工工程进行验收,逐个环节地保证工程质量。

工程质量检查应贯彻专业检查与群众检查相结合的方法,一般可分为自检、互检、交接检查及各级管理机构定期检查或抽查。检查内容除按质量标准规定进行外,还应针对不同的分部、分项工程分别检查测量定位、放线、放样、基坑、土质、焊接、拼装吊装、模板支护、钢筋绑扎、混凝土配合比、工业设备和仪表安装,以及装修等工作项目,并做好记录,发现问题或偏差应及时纠正。

6. 技术档案管理制度

技术档案包括三个方面,即工程技术档案、施工技术档案和大型临时设施档案。

(1)工程技术档案

工程技术档案是为工程竣工验收提供给建筑单位的技术资料。它反映了施工过程的实际情况,对该项工程的竣工使用、维修管理、改建扩建等是不可缺少的依据。主要包括以下内容。

1)竣工项目一览表。包括名称、面积、结构、层数等。

2)设计方面的有关资料。包括原施工图、竣工图、图纸会审记录、洽商变更记录、地质勘查资料。

3）材料质量证明和试验资料。包括原材料、成品、半成品、构配件和设备等质量合格证明或试验检验单。

4）隐蔽工程验收记录和竣工验收证明。

5）工程质量检查评定记录和质量事故分析处理报告。

6）设备安装和采暖、通风、卫生、电气等施工和试验记录，以及调试、试压、试运转记录。

7）永久性水准点位置、施工测量记录和建筑物、构筑物沉降观测记录。

8）施工单位和设计单位提出的建筑物、构筑物使用注意事项有关文件资料。

（2）施工技术档案

施工技术档案主要包括施工组织设计和施工经验总结，新材料、新结构和新工艺的试验研究及经验总结，重大质量事故、安全事故的分析资料和处理措施，技术管理经验总结和重要技术决定、施工日志等。

（3）大型临时设施档案

大型临时设施档案主要包括临时房屋、库房、工棚、围墙、临时水电管线设置的平面布置图和施工图，以及施工记录等。

对市政工程施工技术档案的管理，要求做到完整、准确和真实。技术文件和资料要经各级技术负责人正式审定后才有效，不得擅自修改或事后补做。

第三节　施工项目质量控制

一、质量控制概述

1. 质量控制的定义

（1）质量控制是质量管理的重要组成部分，其目的是使产品、体系或过程的固有特性达到规定的要求，即满足顾客、法律、法规等方面所提出的质量要求，如适用性、安全性等。所以，质量控制是通过采取一系列的作业技术和活动对各个过程实施控制的。

（2）质量控制的工作内容包括作业技术和活动，也就是包括专业技术和管理技术两个方面。在产品形成全过程每一阶段，应对影响其质量的人、机、料、法、环（4M1E）因素进行控制，并对质量活动的成果进行分阶段验证，以便及时发现问题，查明原因，采取相应的纠正措施，防止出现不合格产品。因此，质量控制应贯彻预防为主与检验把关相结合的原则。

（3）质量控制应贯穿在产品形成和体系运行的全过程。每一过程都有输入、转化和输出三个环节，通过对每一个过程的三个环节实施有效控制，对产品质量有影响的各个过程处于受控状态，持续提供符合规定的产品才能得到保障。

2.影响工程质量的因素

影响工程质量的因素很多,但归纳起来主要有五个方面,即人、材料、机械、方法和环境。

（1）人员素质

人是生产经营活动的主体,也是工程项目建设的决策者、管理者、操作者,工程建设的全过程,如项目的规划、决策、勘察、设计和施工都是通过人来完成的。人员的素质直接或间接地对规划、决策、勘察、设计和施工的质量产生影响,而规划是否合理、决策是否正确、设计是否符合所需要的质量功能、施工能否满足合同、规范、技术标准的要求等,都将对工程质量产生不同程度的影响,所以人员素质是影响工程质量的一个重要因素。行业实行经营资质管理和各类专业从业人员持证上岗制度是保证人员素质的重要管理措施。

（2）工程材料

工程材料泛指构成工程实体的各类建筑材料、构配件、半成品等,它们是工程建设的物质条件,是工程质量的基础。工程材料选用是否合理、产品是否合格、材质是否经过检验、保管使用是否得当等,都将直接影响建筑工程的结构刚度和强度,影响工程外表及观感,影响工程的使用功能和使用安全。

（3）机械设备

机械设备可分为两类:一是指组成工程实体及配套的工艺设备和各类机具,如水泵、电梯、电动机、通风设备等,它们构成了建筑设备安装工程或工业设备安装工程,形成完整的使用功能;二是施工过程中使用的各类机具设备,包括大型垂直与水平运输设备、各类操作工具。各种施工安全设施、各类测量仪器和计量器具等简称施工机具设备,它们是施工生产的手段。机具设备对工程质量也有重要的影响。工程用机具设备产品的质量优劣直接影响工程的使用功能。施工机具设备的类型是否符合工程施工特点,性能是否先进稳定,操作是否方便安全等,都会影响工程项目的质量。

（4）施工方法

施工方法是指施工现场采用的施工方案,包括技术方案和组织方案。前者如施工工艺和作业方法,后者如施工区段空间划分及施工流向顺序、劳动组织等。在工程施工中,施工方案是否合理,施工工艺是否先进,施工操作是否正确,都将对工程质量产生重大的影响。大力推广新技术、新工艺、新方法,不断提高工艺技术水平,是保证工程质量稳定提高的重要因素。

（5）环境条件

环境条件是指对工程质量特性起重要作用的环境因素包括工程技术环境,如工程地质、水文、气象等;工程作业环境,如施工环境作业面大小、防护设施、通风照明和通信条件等;工程管理环境,主要指工程实施的合同结构与管理关系的确定,组织体制及管理制度等;周边环境,如工程邻近的地下管线、建(构)筑物等。环境条件往往对工程质量产生特定的影响。加强环境管理,改进作业条件,把握好技术环境,辅以必要的措施,是质量控制的重要保证。

三、质量控制的依据和程序

1. 质量控制的依据

施工阶段进行施工质量控制的依据可分成共同性依据和技术法规性依据两类。

（1）共同性依据

工程承包合同文件；设计文件；国家及有关部门颁布的有关质量的法律和法规性文件。

（2）技术法规性文件

施工质量验收标准规范；原材料、构配件质量方面的技术法规；施工工序质量方面的技术法规；采用"四新"技术的质量政策性规定。

2. 质量控制的程序

施工质量控制不仅对最终产品进行检查、验收，而且对生产中各环节或中间产品进行监督、检查和验收。这是全过程、全方位的中间性的质量管理。

在每项工程开始前，施工单位均须做好施工准备工作，并附上该项工程的施工计划以及相应的工作顺序安排、人员及机械设备配置、材料准备情况等，报送工程师审查，审查合格后才能开工。否则，须进一步做好施工准备，待条件具备时再申请开工。

在施工过程中，监理工程师应督促施工单位加强内部质量管理，严格质量控制。每道工序均应按规定工艺和技术要求施工。在每道工序完成后，施工单位应进行自检，自检合格后，填报"报验申请表"交监理工程师请求检验，监理工程师在规定时间内进行检验，合格后予以确认。在施工质量控制过程中，涉及结构安全的试块、试件以及有关的材料应按规定见证取样。

只有上一道工序被确认质量合格，才能进入下一道工序的施工，按上述程序逐道工序反复重复上述过程。当一个检验批、分项工程、分部工程完成后，施工单位首先进行自检，合格后报监理单位要求验收，监理工程师在规定时间内对施工单位的"报验申请表"报验的内容进行检验，合格后予以确认，否则返工或整改。若干道工序均被确认合格，最后一个分项工程或分部工程完工后，施工单位即可提交竣工验收申请。具体验收主体如下。

（1）检验批由监理工程师（建筑单位项目技术负责人）组织施工单位专业质量（技术）负责人等进行验收。

（2）分项工程由监理工程师（建筑单位项目技术负责人）组织施工单位专业质量（技术）负责人等进行验收。

（3）分部工程（子分部工程）由总监理工程师（建筑单位项目负责人）组织施工单位项目负责人和技术、质量负责人等进行验收，地基与基础、主体结构分部工程的勘察、设计单位工程项目负责人和施工单位技术、质量部门负责人也应参加相关分部工程验收。

（4）单位工程（子单位工程）由施工单位自行组织有关人员进行检查评定，并向建筑单位提交工程验收报告；再由建筑单位（项目）负责人组织施工（含分包单位）、设计、监理等单位（项目）负责人进行验收；验收合格后，建筑单位在规定时间内将工程竣工验收报告和有关文件报建筑行政管理部门备案。当建筑工程质量不符合要求时，应按规定进行处理，对通过返修或加固处理后仍不能满足安全使用要求的分部工程、单位工程，严禁验收。

四、质量控制的原则和目标

1. 质量控制的原则

在进行质量控制过程中，应遵循以下原则。

（1）坚持质量第一的原则。建筑产品使用寿命长，其质量直接关系人民生命、财产安全，所以，要把"百年大计、质量第一"作为工程施工项目质量控制的基本原则。

（2）把人作为质量控制的动力。人是质量的创造者，要发挥人的积极性和创造性，增强人的责任感，提高人的素质，避免失误，以人的工作质量保证工序质量、过程质量。

（3）坚持以预防为主。要重点做好质量的事前控制和事中控制，严格对工作质量、工序质量和中间产品质量进行检查，这是保证工程质量的有效措施。

（4）坚持质量标准。质量标准是评价工程质量的尺度，数据是质量控制的基础，产品质量要满足质量标准的要求，要以数据为依据。

（5）贯彻科学、公正、守法的职业规范。在控制过程中应尊重事实、尊重科学、客观公正、遵纪守法、严格要求。

2. 质量控制目标

工程施工质量控制目标就是达到施工图及施工合同所规定的要求，满足国家相关的法律法规。通常工程质量控制目标可分解为工作质量控制目标、工序质量控制目标和产品质量控制目标。

在一般情况下，工作质量决定工序质量，而工序质量决定产品质量。因此，必须通过提高工作质量来保证和提高工序质量，从而达到所要求的产品质量。

第四节　施工项目安全管理

一、施工项目安全管理概述

1. 施工安全生产的特点

（1）产品的固定性导致作业环境局限性

建筑产品坐落在一个固定的位置上，导致必须在有限的场地和空间上集中大量的人力、物资、机具来进行交叉作业，导致作业环境的局限性，因而容易产生物体打击等伤亡事故。

（2）露天作业导致作业条件恶劣性

建筑工程施工大多是在露天空旷的地上完成的，导致工作环境相当艰苦，容易发生伤亡事故。

（3）体积庞大带来了施工作业高空性

建筑产品的体积十分庞大，操作工人大多在十几米，甚至几百米上进行高空作业，因而容易产生高空坠落的伤亡事故。

（4）流动性大，工人素质低增加了安全管理的难度

由于建筑产品的固定性，当这一产品完成后，施工单位就必须转移到新的施工地点去，施工人员流动性大，素质较差，要求安全管理举措必须及时、到位，增加了施工安全管理的难度。

（5）手工操作多、体力消耗大、强度高导致个体劳动保护任务艰巨

在恶劣的作业环境下，施工工人的手工操作多体能耗费大，劳动时间和劳动强度都比其他行业要大，其职业危害严重，带来了个人劳动保护的艰巨性。

（6）产品多样性、施工工艺多变性要求安全技术措施和安全管理必须及时到位

建筑产品多样施工生产工艺复杂多变，如一条道路从路基、路面，各道施工工序均有其不同的特性，不安全的因素各不相同。同时，随着工程建设进度，施工现场的不安全因素也在随时变化，要求施工单位必须针对工程进度和施工现场实际情况及时地采取安全技术措施和安全管理措施予以保证。

（7）施工场地窄小带来了多工种立体交叉

近年来建筑由低向高发展，施工现场却由宽到窄发展致使施工场地与施工条件要求的矛盾日益突出，多工种交叉作业增加，导致机械伤害、物体打击事故增多。

施工安全生产的上述特点，决定了施工生产的安全隐患多存在于高空作业、交叉作业、垂直运输、个体劳动保护以及使用电气工具上，伤亡事故也多发生在高空坠落、物体打击、机械伤害、起重伤害、触电、坍塌等方面。同时新、奇、个性化的建筑产品的出现给建筑施工带来了新的挑战，也给建筑工程安全管理和安全防护技术提出了新的要求。

2.施工现场不安全因素

（1）人的不安全因素

人的不安全因素是指影响安全的人的因素，即能够使系统发生故障或发生性能不良的事件的人员个人的不安全因素和违背设计和安全要求的错误行为。人的不安全因素可分为个人的不安全因素和人的不安全行为两大类。

个人的不安全因素是指人员的心理、生理、能力中所具有不能适应工作、作业岗位要求的影响安全的因素。个人的不安全因素主要包括以下几点。

1）心理上的不安全因素，指人在心理上具有影响安全的性格、气质和情绪，如懒散、粗心等。

2）生理上的不安全因素，包括视觉、听觉等感觉器官及体能、年龄、疾病等不适合工作或

作业岗位要求的影响因素。

3）能力上的不安全因素，包括知识技能、应变能力、资格等不能适应工作和作业岗位要求的影响因素。

人的不安全行为是指造成事故的人为错误，是人为地使系统发生故障或发生性能不良事件，是违背设计和操作规程的错误行为。施工现场不安全行为可分为 13 大类。

操作失误、忽视安全、忽视警告；造成安全装置失效；使用不安全设备；手代替工具操作；物体存放不当；冒险进入危险场所；攀坐不安全位置；在起吊物下作业、停留；在机器运转时进行检查、维修、保养等工作；有分散注意力行为；没有正确使用个人防护用品、用具；不安全装束；对易燃易爆等危险物品处理错误。

不安全行为产生的主要原因：系统、组织的原因，思想责任性原因，和工作原因。其中，工作原因产生不安全行为的影响因素包括：工作知识的不足或工作方法不适当；技能不熟练或经验不充分；作业的速度不适当；工作不当，但又不听或不注意管理提示。

分析事故原因，绝大多数事故不是因技术解决不了造成的，而是违章所致，因而必须重视和防止产生人的不安全因素。

（2）物的不安全状态

物的不安全状态是指能导致事故发生的物质条件，包括机械设备等物质或环境所存在的不安全因素。

1）物的不安全状态的内容

物（包括机器、设备、工具、物质等）本身存在的缺陷；防护保险方面的缺陷；物的放置方法的缺陷；作业环境场所的缺陷；外部和自然界的不安全状态；作业方法导致的物的不安全状态；保护器具信号、标志和个体防护用品的缺陷。

2）物的不安全状态的类型

防护等装置缺乏或有缺陷；设备、设施、工具、附件有缺陷；个人防护用品用具缺少或有缺陷；施工生产场地环境不良。

（3）管理上的不安全因素

管理上的不安全因素通常也称为管理上的缺陷，也是事故潜在的不安全因素，作为间接的原因共有以下方面：技术上的缺陷；教育上的缺陷；生理上的缺陷；心理上的缺陷；管理工作上的缺陷；教育和社会、历史原因造成的缺陷。

3. 施工安全管理的任务

（1）正确贯彻执行国家和地方的安全生产、劳动保护和环境卫生的法律法规、方针政策和标准规程，使施工现场安全生产工作做到目标明确，组织、制度、措施落实，保障施工安全。

（2）建立完善施工现场的安全生产管理制度，制定本项目的安全技术操作规程，编制有针对性的安全技术措施。

（3）组织安全教育，提高职工安全生产素质，促使职工掌握生产技术知识，遵章守纪地进行施工生产。

（4）运用现代管理和科学技术，选择并实施实现安全目标的具体方案，对本项目的安全目标的实现进行控制。

（5）按"四不放过"的原则对事故进行处理并向政府有关安全管理部门汇报。

4.施工安全管理实施程序

（1）确定项目的安全目标

按"目标管理"方法在以项目经理为首的项目管理系统内进行分解，从而确定每个岗位的安全目标，实现全员安全控制。

（2）编制项目安全技术措施计划

对生产过程中的不安全因素，用技术手段加以消除和控制，并用文件化的方式表示。这是落实"预防为主"方针的具体体现，是进行工程项目安全控制的指导性文件。

（3）安全技术措施计划的落实和实施

包括建立健全安全生产责任制，设置安全生产设施，进行安全教育和培训，沟通和交流信息，通过安全控制使生产作业的安全状况处于受控状态。

（4）安全技术措施计划的验证

包括安全检查，纠正不符合情况，并做好检查记录工作。根据实际情况补充和修改安全技术措施。

（5）持续改进，直至完成建筑工程项目的所有工作。

5.施工安全管理的基本要求

必须取得安全行政主管部门颁发的"安全施工许可证"后才可开工；总承包单位和每一个分包单位都应持有"施工企业安全资格审查认可证"；各类人员必须具备相应的执业资格才能上岗；所有新员工必须经过三级安全教育，即公司、项目部和进班组的安全教育；特殊工种作业人员必须持有特种作业操作证，并严格按规定定期进行复查；查出的安全隐患要做到"五定"，即定整改责任人、定整改措施、定整改完成时间、定整改完成人、定整改验收人；必须把好安全生产"六关"，即措施关、交底关、教育关、防护关、检查关、改进关；施工现场安全设施齐全，并符合国家及地方有关规定；施工机械（特别是现场安设的起重设备等）必须经安全检查合格后方可使用。

二、施工安全生产责任制

1.一般规定

安全生产责任制是各项管理制度的核心，是企业岗位责任制的重要组成部分，是企业安全管理中最基本的制度，也是保障安全生产的重要组织措施。

安全生产责任制度是根据"管生产必须管安全""安全生产，人人有责"等原则，明确各级领导、各职能部门、岗位、各工种人员在生产中应负有的安全职责。有了安全生产责任制，就能把安全与生产从组织领导上结合起来，把管生产必须管安全的原则从制度上固定下来，从而增强了各级管理人员的安全责任心使安全管理纵向到底，横向到边，专管成线，群管成网，责任明确，协调配合，共同努力，真正把安全生产工作落到实处。

制定各级各部门安全生产责任制的基本要求如下。

（1）企业经理是企业安全生产的第一责任人。

（2）企业总工程师（主任工程师或技术负责人）对本企业安全生产的技术工作负总责。

（3）项目经理应对本项目的安全生产工作负领导责任。认真执行安全生产规章制度，不违章指挥，制定和实施安全技术措施，经常进行安全生产检查，消除事故隐患，制止违章作业；对职工进行安全技术和安全纪律教育；发生伤亡事故要及时上报，并认真分析事故原因，提出并兑现改进措施。

（4）班组长、施工员、工程项目技术负责人对所管工程的安全生产负直接责任。

（5）班组长要模范遵守安全生产规章制度，带领本班组安全作业，认真执行安全交底，有权拒绝违章指挥；班前要对所使用的机具、设备、防护用具及作业环境进行安全检查；组织班组安全活动日开班前安全生产会；发生工伤事故时应保护现场并立即向班组长报告。

（6）企业中的生产、技术、机械设备、材料、财务、教育、劳资、卫生等各职能机构都应在各自业务范围内对实现安全生产的要求负责。

（7）安全机构和专职人员应做好安全管理工作和监督检查工作。

2. 施工项目管理人员及生产人员的安全责任

（1）项目经理安全生产责任制

1）项目经理是工程施工安全生产第一负责人，全面负责工程施工全过程的安全生产、文明卫生、防火工作，遵守国家法令，执行上级安全生产规章制度，对劳动保护全面负责。

2）组织落实各级安全生产责任制，贯彻上级部门的安全规章制度，并落实到施工过程管理中，把安全生产提到日常议事日程上。

3）负责搞好职工安全教育，支持安全员工作，组织检查安全生产。

4）发现事故隐患，及时按"定整改责任人、定整改措施、定整改完成时间、定整改完成人、定整改验收人"五定方针，及时落实整改。

5）发生工伤事故时，及时抢救，保护现场，上报上级部门。

6）不准违章指挥与强令职工冒险作业。

（2）技术员安全生产责任制

1）遵守国家法令，学习熟悉安全生产操作规程，执行上级安全部门的规章制度。

2）根据施工购买后技术方案中的安全生产技术措施，提出技术实施方案和改进方案中的技术措施要求。

3）在审核安全生产技术措施时，发现不符合技术规范要求的，有权提出更改完善意见，使之纠正和完善。

4）按照技术部门编制的安全技术措施，根据施工现场实际补充编制分项分类的安全技术措施，使之充实和完善。

5）在施工过程中,对现场安全生产有责任进行管理,发现隐患,有权督促纠正、整改,通知安全员落实整改并汇报项目经理。

6）对施工设施和各类安全保护、防护物品进行技术鉴定,提出结论性意见。

（3）安全员安全生产责任制

1）负责施工现场的安全生产、文明卫生、防火管理工作,遵守国家法令,认真学习熟悉安全生产规章制度,努力提高专业知识和管理水准,加强自身素质。

2）经常检查施工现场的安全生产工作,发现隐患及时采取措施进行整改,并及时上报项目经理处理。

3）坚持原则,对违章作业、违反安全操作规程的人和事决不姑息,敢于阻止和教育。

4）对安全设施的配置提出合理意见,提交项目经理解决,如得不到解决,应责令暂停施工,报公司处理。

5）安全员有权根据公司有关制度进行监督,对违纪者进行处罚,对安全先进者上报公司奖励。

6）发生工伤事故时,及时保护现场,组织抢救并立即报告项目经理,同时上报公司。

7）做好安全技术交底工作,强化安全生产、文明卫生、防火工作的管理。

（4）施工员安全生产责任制

1）遵守国家法令,学习熟悉安全技术措施,在组织施工过程中同时安排落实安全生产技术措施。

2）检查施工现场的安全工作是施工员本身应尽的职责,在施工中同时检查各安全设施的规范要求和科学性,发现不符规范要求和科学性的,及时调整,并汇报项目经理。

3）施工过程中,发现违章现象或冒险作业,协同安全员共同做好工作,及时阻止和纠正,必要时暂停施工,汇报项目经理。

4）在施工过程中,生产与安全发生矛盾时,必须服从安全,暂停施工,等安全整改和落实安全措施后,方准再施工。

5）施工过程中,发现安全隐患,及时告诉安全员和项目经理采取措施,协同整改,确保施工全过程中的安全。

（5）各生产班组和职工安全生产责任制

1）遵守国家法令和安全生产操作规程与规章制度,不违章作业,有权拒绝违章指挥和安全设施不完善的危险区域施工。无有效安全措施的有权停止作业,汇报项目经理,提出整改意见。

2）正确使用劳动保护用品和安全设施、爱护机械电器等施工设备,不准非本工种人员操作机械、电器。

3）学习熟悉安全技术操作规程和上级安全部门的规章制度,遵守安全生产"六大纪律"和相关安全技术措施,努力提高自我保护意识,增强自我保护能力。

4）职工之间应相互监督,制止违章作业和冒险作业,发现隐患及时报告项目经理和安全员立即整改,在确保安全的前提下安全作业。

5)发生工伤事故,及时抢救,并立即报告领导,保护现场,如实向上级反映情况。

三、安全管理目标责任考核制度及考核办法

企业应根据自己的实际情况制定安全生产责任制及其考核办法。企业应成立责任制考核领导小组,并制定责任制考核的具体办法,进行考核并有相应考核记录。工程项目部项目经理由企业考核,各管理人员由项目经理组织有关人员考核。考核时间可为每月一小考,半年一中考,一年一总考。

考核办法的制定可参考以下内容:组织领导(成立安全生产责任制考核领导小组);以文件的形式建立考核的制度,确保考核工作认真落实;严格考核标准、考核时间、考核内容;要和经济效益挂钩,奖罚分明;不走过场,要加强透明度,实行群众监督。

四、施工安全技术措施

1. 施工安全技术措施一般规定

安全技术措施是指为防止工伤事故和职业病的危害,从技术上采取的措施。在工程施工中,是指针对工程特点、环境条件、劳动组织、作业方法、施工机械、供电设施等制定确保安全施工的措施。安全技术措施是建筑工程项目管理实施规划或施工组织设计的重要组成部分。

施工安全技术措施包括安全防护设施的设置和安全预防措施,主要有17个方面的内容,如防火、防毒、防爆、防汛、防尘、防坍塌、防物体打击、防机械伤害、防溜车、防高空坠落、防交通事故、防寒、防暑、防疫、防环境污染等。

2. 施工安全技术措施编制依据和编制要求

(1)编制依据

建筑工程项目施工组织或专项施工方案中必须有针对性的安全技术措施,特殊和危险性大的工程必须编制专项施工方案或安全技术措施。安全技术措施或专项施工方案的编制依据有:国家和地方有关安全生产、劳动保护、环境保护和消防安全等的法律、法规和有关规定;建筑工程安全生产的法律和标准、规程;安全技术标准、规范和规程;企业的安全管理规章制度。

(2)编制的要求

1)及时性

安全技术措施在施工前必须编制好,并且审核审批后正式下达项目经理部以指导施工;在施工过程中,发生设计变更时,安全技术措施必须及时变更或做补充,否则不能施工;施工条件发生变化时,必须变更安全技术措施内容,并及时经原编制、审批人员办理变更手续,不得擅自变更。

2）针对性

①针对工程项目的结构特点，凡在施工生产中可能出现的危险源，必须从技术上采取措施，消除危险，保证施工安全。

②针对不同的施工方法和施工工艺制定相应的安全技术措施。

不同的施工方法要有不同的安全技术措施，技术措施要有设计，有安全验算结果，有详图，有文字说明。根据不同分部分项工程的施工工艺可能给施工带来的不安全因素，从技术上采取措施保证其安全实施。土方工程、基坑支护、模板工程、起重吊装工程、脚手架工程及拆除、爆破工程等必须编制专项施工方案，深基坑、地下暗挖工程、高大模板工程的专项施工方案还应当组织专家进行论证审查。编制施工组织设计或施工方案在使用新技术、新工艺、新设备、新材料的同时，必须制定相应的安全技术措施。

③针对使用的各种机械设备、用电设备可能给施工人员带来的危险，从安全保险装置、限位装置等方面采取安全技术措施。

④针对施工中有毒、有害、易燃、易爆等作业可能给施工人员造成的危害，制定相应的防范措施。

⑤针对施工现场及周围环境中可能给施工人员及周围居民带来的危险，以及材料、设备运输的困难和不安全因素，制定相应的安全技术措施。

⑥针对季节性、气候施工的特点，编制施工安全措施，具体有雨期施工安全措施、冬季施工安全措施、夏季施工安全措施等。

3）可操作性、具体性

①安全技术措施及方案必须明确具体，具可操作性，能具体指导施工，绝不能一般化和形式化。

②安全技术措施及方案中必须有施工总平面图，在图中必须对危险的油库、易燃材料库、变电设备，材料、构件的堆放位置以及塔式起重机、井字架或龙门架、搅拌机的位置等按照施工需要和安全堆放的要求明确定位，并提出具体要求。

③安全技术措施及方案中劳动保护、环保、消防等人员必须掌握工程项目概况、施工方法、场地环境等第一手资料，并熟悉有关安全生产法规和标准，具有一定的专业水平和施工经验。

3.安全技术措施的编制内容

（1）一般工程

包括：场内运输道路及人行通道的布置；一般基础和桩基础施工方案；主体结构施工方案；主体装修工程施工方案；临时用电技术方案；临边、洞口及交叉作业、施工防护安全技术措施；安全网的架设范围及管理要求；防水施工安全技术方案；设备安装安全技术方案；防火、防毒、防爆、防雷安全技术措施；临街防护、临近外架供电线路、地下供电、供气、通风、管线，毗邻建筑物防护等安全技术措施；群塔作业安全技术措施；中小型机械安全技术措施；冬、夏雨季施工安全技术措施；新工艺、新技术、新材料施工安全技术措施等。

（2）单位工程安全技术措施

对于结构复杂、危险性大、特性较多的特殊工程，应单独编制专项施工方案，如土方工程、基坑支护、模板工程、起重吊装工程、脚手架工程及拆除、爆破工程等。专项施工方案中要有设计依据，有安全验算结果有详图，有文字说明。

（3）季节性施工安全技术措施

高温作业安全措施：夏季气候炎热，高温时间持续较长，制定防暑降温等安全措施。雨季施工安全方案：雨季施工，制定防止触电、防雷、防塌、防台风等安全技术措施。

冬季施工安全方案：冬季施工，制定防火、防风、防滑、防煤气中毒、防冻等安全措施。

4. 安全技术措施及方案审批、变更管理

（1）安全技术措施及方案审批管理

1）一般工程安全技术措施及方案由项目经理部专业工程师审核，项目经理部技术负责人审批，报公司管理部、质量安全监督部门备案。

2）重要工程安全技术措施及方案由项目经理部技术负责人审批，公司管理部、安全部复核，由公司技术发展部或公司部工程师委托技术人员审批并在公司管理部、安全部备案。

3）大型、特大工程安全技术措施及方案由项目经理部技术负责人组织编制，报公司技术发展部、管理部、安全部审核。深基坑、高大模板工程、地下暗挖工程等必须进行专家论证审查，经同意后方可实施。

（2）安全技术措施及方案变更管理

施工过程中如发生设计变更，原定的安全技术措施也必须随之变更，否则不准施工；施工过程中确实需要修改拟定的安全技术措施时，必须经编制人同意，并办理修改审批手续。

5. 安全技术交底

安全技术交底是指导工人安全施工的技术措施，是工程项目安全技术方案的具体落实。安全技术交底一般由项目经理部技术管理人员根据分部分项工程的具体要求、特点和危险因素编写，是操作者的指令性文件，因而，要具体、明确、针对性强。

（1）安全技术交底应符合以下规定

1）安全技术交底实行分级交底制度。开工前，项目技术负责人要将工程概况、施工方法、安全技术措施等情况向工地负责人、班组交底，必要时向全体职工进行交底；班组长安排班组工作前，必须进行书面的安全技术交底，两个以上施工队和工种配合时，班组长应要按工程进度定期或不定期向有关班组进行交叉作业的安全交底；班组长应每天对工人进行施工要求、作业环境等全方面交底。

2）结构复杂的分部分项工程施工前，项目经理、技术负责人应有针对性地进行全面、详细的安全技术交底。

（2）安全技术交底的基本要求

项目经理部必须实行逐级安全技术交底制度，纵向延伸到班组全体作业人员；技术交底必须具体、明确，针对性强；技术交底的内容应针对分部分项工程施工中给作业人员带来的潜在危险因素和存在的问题；应优先采用新的安全技术措施；应将工程概况、施工方法、施工程序、安全技术措施等向班组长、作业人员进行详细交底；定期向由两个以上作业队伍和多工种进行交叉施工的作业队伍进行书面交底；保留书面安全技术交底等签字记录。

（3）安全技术交底主要内容

本工程项目的施工作业特点和危险点；针对危险点的具体预防措施；应注意安全事项；相应的安全操作规程和标准；发生事故后应及时采取的避难和急救措施。

五、施工安全教育

1. 安全教育的内容

安全教育主要包括安全生产思想、安全知识、安全技术技能和安全法制教育四个方面的内容。

（1）安全生产思想教育

1）安全生产思想教育。首先提高各级领导和全体员工对安全生产重要意义的认识，从思想上认识搞好安全生产的重要意义，以增强关心人、保护人的责任感，树立牢固的群众观念；其次是通过安全生产方针、政策教育，提高各级领导和全体员工的政策水平，使他们正确全面地理解国家的安全生产方针政策，严肃认真地执行安全生产法律法规和规章制度。

2）劳动纪律的教育。使全体员工懂得严格执行劳动纪律对实现安全生产的重要性，劳动纪律是劳动者进行共同劳动时必须遵守的规则和秩序。反对违章指挥，反对违章作业，严格执行安全操作规程。遵守劳动纪律是贯彻"安全第一，预防为主"的方针，减少伤亡事故，实现安全生产的重要保证。

（2）安全知识教育

企业所有员工都应具备安全基本知识。因此，全体员工必须接受安全知识教育，每年按规定学时进行安全培训。安全基本知识教育的主要内容有企业的生产经营概况、施工生产流程、主要施工方法，施工生产危险区域及其安全防护的基本知识和注意事项，机械设备场内运输知识，电气设备（动力照明）、高处作业、有毒有害原材料等安全防护基本知识，以及消防器材和个人防护用品的使用知识等。

（3）安全技能教育

安全技能教育，就是结合本工种专业特点，实现安全操作、安全防护所必须具备的基本技能知识要求。每个员工都要熟悉本工种、本岗位专业安全技能知识。安全技能知识是比较专门、细致和深入的知识，包括安全技术、劳动卫生和安全操作规程。国家规定建筑业从事登高架设、起重、焊接、电气、爆破、压力容器、锅炉等特种作业人员必须进行专门的安全技能培训、经考试合格后，持证上岗。

（4）安全法制教育

安全法制教育就是要采取各种有效形式，对员工进行安全生产法律法规、行政法规和规章制度方面教育从而提高全体员工学法、知法、懂法、守法的自觉性，以达到安全生产的目的。

2. 施工现场常用的几种安全教育形式

（1）新工人三级安全教育

三级安全教育是企业必须坚持的安全生产基本教育制度。对新工人（包括新招收的合同工、临时工、学徒工、劳务工及实习和代培人员）都必须进行公司（厂）、项目、班组的三级安全教育。三级安全教育一般由安全、教育和劳资等部门配合组织进行。经教育考试合格者才准许进入生产岗位，不合格者必须补课、补考。对新工人的三级安全教育要建立档案、职工安全生产教育卡等，新工人工作一个阶段后还应进行重复性的安全再教育，以加深安全的感性和理性认识。

项目部进行现场规章制度和遵章守纪教育。主要内容：本单位（工程处、项目部、车间）安全生产基本知识；本单位（包括施工、生产场地）安全生产制度、规定及安全注意事项；本工种的安全技术操作规程；机械设备、电气安全及高空作业安全基本知识；防毒、防尘、防火、防爆知识及紧急情况安全处置和安全疏散知识；防护用品发放标准及防护用具、用品使用的基本知识。

班组安全生产教育由班组长主持进行，或由班组安全员或指定技术熟练、重视安全生产的老工人讲解，进行本工种岗位安全操作班组安全制度、纪律教育。主要内容包括：本班组作业特点及安全操作规程；班组安全生产活动制度及纪律；爱护和正确使用安全防护装置（设施）及个人劳动防护用品；本岗位易发生事故的不安全因素及防范对策；本岗位的作业环境及使用的机械设备、工具的安全要求。

（2）特种作业人员的培训

1）特种作业：容易发生人员伤亡事故，对操作者本人、他人及周围设施的安全可能造成重大危害的作业。直接从事特种作业的人员称为特种作业人员。

2）特种作业的范围：电工作业、金属焊接、切割作业、起重机械（含电梯）作业、施工生产场地内机动车辆驾驶、登高架设作业、锅炉作业、压力容器作业、制冷作业、爆破作业、危险物品作业、经国家安全生产监督管理局批准的其他作业等（电工、电或气焊工、架子工、司炉工、爆破工、机械操作工、起重工、塔吊司机及指挥人员、人货两用电梯司机、信号指挥人员、厂内车辆驾驶人员、起重机机械拆装作业人员、物料提升机操纵者）。

3）从事特种作业的职工所在单位必须按照有关规定，对其进行专门的安全技术培训，经过有关考试合格并取得操作合格证或者驾驶执照后，才准许独立操作。

（3）经常性教育

经常性教育包括以下几点：

1）经常性的普及教育贯穿于管理工作的全过程，并根据接受教育对象的不同特点，多层次、多渠道和多种方法进行，可以取得良好的效果。

2）采用新技术、新工艺、新设备、新材料和调换工作岗位时，要对操作人员进行新技术操作和新岗位的安全教育，未经教育不得上岗操作。

3)班组应每周安排一次安全活动日,可利用班前和班后进行。

4)适时安全教育。根据建筑施工的生产特点进行"五抓紧"的安全教育,即:工程突出赶任务,往往不注意安全,要抓紧教育;工程接近收尾时,容易忽视安全,要抓紧教育;施工条件好时,容易麻痹,要抓紧教育;季节气候变化,外界不安全因素多,要抓紧教育;节假日前后,思想不稳定,要抓紧教育。做到警钟长鸣,防患未然。

5)纠正违章教育。企业对由于违反安全规章制度而导致重大险情或未遂事故的,进行违章纠正教育。教育内容为违反的规章条文及其意义和危害,务必使受教育者充分认识自身的过失,吸取教训。至于情节严重的违章事件,除教育责任者本人外,还应通过适当的形式现身说法,扩大教育面。

六、安全检查

1.安全检查的形式

(1)主管部门(包括中央、省、市级建筑行政主管部门)对下属单位进行的安全检查能着重关注本行业的特点、共性和主要问题,具有针对性、调查性,也有批评性。同时,通过检查总结,扩大(积累)安全生产经验,对基层推动作用较大。

(2)定期安全检查

企业内部必须建立定期分级安全检查制度。企业规模、内部建制等不同,要求也不能千篇一律。一般中型以上的企业(公司)每季度组织一次安全检查,工程处(项目处、附属厂)每月或每周组织一次安全检查。每次安全检查应由单位领导或总工程师(技术领导)带队,由工会、安全、动力设备、保卫等部门派员参加。这种制度性的定期检查属全面性和考核性检查。

(3)专业性安全检查

专业安全检查应由企业有关业务部门组织有关人员对某项专业(如垂直提升机、脚手架、电气、塔吊、压力容器、防尘防毒等)的安全问题或在施工(生产)中存在的普遍性安全问题进行单项检查。这类检查专业性强,也可结合评比进行,主要由专业技术人员、懂行的安全技术人员和有实际操作、维修能力的工作人员参加。

(4)经常性的安全检查

在施工(生产)过程中进行经常性的预防检查,能及时发现隐患,消除隐患,保证施工(生产)的正常进行。

(5)季节性及节假日前后安全检查

季节性安全检查是针对气候特点(如冬季、夏季、雨季、风季等)可能给施工(生产)带来危害而组织的安全检查。节假日安全检查是在节假日(特别是重大节日,如元旦、劳动节、国庆节)前、后防止职工纪律松懈、思想麻痹等进行的检查。检查应由单位领导组织有关部门人员进行。节日加班更要重视对加班人员的安全教育,同时认真检查安全防范措施的落实。

（6）施工现场的自检、互检和交接检查

1）自检：班组作业前、后对自身所处的环境和工作程序进行安全检查，可随时消除安全隐患。

2）互检：班组之间开展的安全检查。可以做到互相监督，共同遵章守纪。

3）交接检查：上道工序完毕，交给下道工序使用前，应由工地负责人组织班组长、安全员、班组其他有关人员参加，进行安全检查或验收，确认无误或合格后，方能交给下道工序使用。如脚手架、井字架与龙门架、塔吊等，在搭设好使用前，都要经过交接检查。

2. 安全检查的主要内容

（1）查思想。主要检查企业的领导和职工对安全生产工作的认识。

（2）查管理。主要检查工程的安全生产管理是否有效。主要内容包括安全生产责任制、市政工程项目施工管理安全技术措施计划、安全组织机构、安全保证措施、安全技术交底、安全教育、持证上岗、安全设施、安全标志、操作规程、违规行为、安全记录等。

（3）查隐患。主要检查作业现场是否符合安全生产、文明生产的要求。

（4）查事故处理。对安全事故的处理应达到查明事故原因，明确责任并对责任者进行处理、明确和落实整改措施等要求。同时，还应检查对伤亡事故是否及时报告，认真调查，严肃处理。

安全检查的重点是违章指挥和违章作业。安全检查后应编制安全检查报告，说明已达标项目、未达标项目、存在问题及原因分析、纠正和预防措施。

七、安全事故的预防与处理

1. 伤亡事故的定义与分类

（1）伤亡事故的定义

事故是指人们在进行有目的的活动过程中，发生了违背人们意愿的不幸事件，使其有目的的行动暂时或永久地停止。伤亡事故是指职工在劳动生产过程中发生的人身伤害、急性中毒事故。

（2）伤亡事故分类

按事故产生的原因分类如下。

1）物体打击：指落物、滚石、锤击、碎裂、崩块、砸伤等造成的人身伤害，不包括因爆炸而引起的物体打击。

2）车辆伤害：指被车辆挤、压、撞和车辆倾覆等造成的人身伤害。

3）机械伤害：指被机械设备或工具绞、碾、碰、割、戳等造成的人身伤害，不包括车辆、起重设备引起的伤害。

4）起重伤害：指从事各种起重作业时发生的机械伤害事故，不包括上下驾驶室时发生的坠落伤害，起重设备引起的触电及检修时制动失灵造成的伤害。

5)触电：由于电流经过人体导致的生理伤害，包括雷击伤害。

6)淹溺：由于水或液体大量从口、鼻进入肺内，导致呼吸道阻塞，发生急性缺氧而窒息死亡。

7)灼烫：指火焰引起的烧伤、高温物体引起的烫伤、强酸或强碱引起的灼伤、放射线引起的皮肤损伤，不包括电烧伤及火灾事故引起的烧伤。

8)火灾：在火灾时造成的人体烧伤、窒息、中毒等。

9)高处坠落：由于危险势能差引起的伤害，包括从架子、屋架上坠落以及平地坠入坑内等。

10)坍塌：指建筑物、堆置物倒塌以及土石塌方等引起的事故伤害。

11)冒顶片帮：指矿井作业面、巷道侧壁由于支护不当、压力过大造成的坍塌(片帮)以及顶板垮落(冒顶)事故。

12)透水：指从矿山、地下开采或其他坑道作业时，地下水意外大量涌入而造成的伤亡事故。

13)放炮：指由于放炮作业引起的伤亡事故。

14)火药爆炸：指在火药的生产、运输、储藏过程中发生的爆炸事故。

15)瓦斯爆炸：指可燃气体、瓦斯、煤粉与空气混合，接触火源时引起的化学爆炸事故。

16)锅炉爆炸：指锅炉由于内部压力超出炉壁的承受能力而引起的物理性爆炸事故。

17)容器爆炸：指压力容器内部压力超出容器壁所能承受的压力引起的物理爆炸，容器内部可燃气体泄漏与周围空气混合遇火源而发生的化学爆炸。

18)其他爆炸：化学爆炸、炉膛、钢水包爆炸等。

19)中毒和窒息：指煤气、油气、沥青、化学、一氧化碳中毒等。

20)其他伤害：包括扭伤、跌伤、冻伤、野兽咬伤等。

按事故后果严重程度分类如下。

1)轻伤事故：造成职工肢体或某些器官功能性器质性轻度损伤，表现为劳动能力轻度或暂时丧失的伤害，一般每个受伤人员休息1个工作日以上，105个工作日以下。

2)重伤事故：一般指受伤人员肢体残缺或视觉、听觉等器官受到严重损伤，能引起人体长期存在功能障碍或劳动能力有很大损失的伤害，或者造成每个受伤人员105个工作日以上的失能伤害。

3)死亡事故：一次事故中死亡职工1~2人的事故。

4)重大伤亡事故：一次事故中死亡3人以上(含3人)的事故。

5)特大伤亡事故：一次死亡10人以上(含10人)的事故。

6)急性中毒事故：指生产性毒物一次或短期内通过人的呼吸道、皮肤或消化大量进入人体内，使人体在短时间内发生病变，导致职工立即中断工作，并需进行急救或死亡的事故。急性中毒的特点是发病快，一般不超过一个工作日，有的毒物因毒性有一定的潜伏期，可在下班后数小时发病。

2.预防安全事故方式

约束人的不安全行为;消除物的不安全状态;同时约束人的不安全行为,消除物的不安全状态;采取隔离防护措施,使人的不安全行为与物的不安全状态不相遇。

3.安全事故的处理程序

发生伤亡事故后,负伤人员或最先发现事故的人应立即报告上级有关部门。企业对受伤人员歇工满一个工作日以上的事故,应填写伤亡事故登记表并及时上报。

企业发生重大伤亡事故,必须立即将事故概况(包括伤亡人数、发生事故的时间、地点、原因)、等,用快速方法分别报告企业主管部门、行业安全管理部门和当地公安部门、人民检察院。发生重大伤亡事故,各有关部门接到报告后应立即转报各自的上级主管部门。

对于事故的调查处理,必须坚持"事故原因不查清不放过,事故责任者和群众没有受到教育不放过,没有防范整改措施不放过,事故责任人和责任领导不处理不放过"的"四不放过"原则,按照下列步骤进行。

(1)迅速抢救伤员并保护好事故现场

事故发生后,现场人员不要惊慌失措,要有组织、听指挥,首先抢救伤员和排除险情,阻止事故蔓延扩大。同时,为了事故调查分析需要,保护好事故现场,确因抢救伤员和排险而必须移动现场物品时,应做出标志。因为事故现场是提供有关物证的主要场所,是调查事故原因不可缺少的客观条件。要求现场各种物件的位置、颜色、形状及其物理、化学性质等尽可能保持事故结束的原来状态。必须采取一切可能的措施,防止人为或自然因素的破坏。

(2)组织调查

在接到事故报告后的单位领导应立即赶赴现场组织抢救,并迅速组织调查组开展调查。轻伤、重伤事故,由企业负责人或其指定人员组织生产、技术、安全等部门及工会组成事故调查组,进行调查;伤亡事故,由企业主管部门会同企业所在地区的行政安全部门、公安部门、工会组成事故调查组、进行调查;重大伤亡事故,按照企业的隶属关系,由省、自治区、直辖市企业主管部门或国务院有关主管部门会同同级行政安全管理部门、公安部门、监察部门、工会组成事故调查组进行调查,死亡和重大事故邀请人民检察院参加,还可邀请有关专业技术人员参加。与发生事故有直接利害关系的人员不得参加调查组。

(3)现场勘查

在事故发生后,调查组应速到现场进行勘查。现场勘查是技术性很强的工作,涉及广泛的科技知识和实践经验,对事故的现场勘察必须及时、全面、准确、客观。

(4)分析事故原因

1)通过全面的调查,查明事故经过,弄清造成事故的原因,包括人、物、生产管理和技术管理等方面的问题,经过认真、客观、全面、细致、准确地分析,确定事故的性质和责任。

2)事故分析步骤:首先整理和仔细阅读调查材料,对受伤部位、受伤性质、起因物、致害物、伤害方法、不安全状态和不安全行为七项内容进行分析,确定直接原因、间接原因和事故责任者。

3）分析事故原因,应根据调查所确认事实,从直接原因入手,逐步深入到间接原因。通过对直接原因和间接原因的分析,确定事故中的直接责任者和领导责任者,再根据其在事故发生过程中的作用确定主要责任者。

（5）制定预防措施

根据对事故原因分析,制定防止类似事故再发性的预防措施。同时,根据事故后果和事故责任人应负的责任提出处理意见。对于重大未遂事故不可掉以轻心,也应严肃认真按上述要求查找原因,分清责任,严肃处理。

（6）写出调查报告

调查组应着重把事故发生的经过、原因、责任分析和处理意见以及本次事故的教训和改进工作的建议等写成报告,经调查组全体人员签字后报批。如调查中内部意见有分歧,应在弄清事实的基础上,对照法律法规进行研究,统一认识。对于个别同志仍持有不同意见的允许保留,并在签字时写明自己的意见。

（7）事故的审理和结案

1）事故调查处理结论应经有关机关审批后,方可结案。伤亡事故处理工作应当在90日内结案,特殊情况不得超过180日。

2）事故案件的审批权限与企业的隶属关系及人事管理权限一致。

3）对事故责任的处理,应根据情节轻重和损失大小确定主要责任、次要责任、重要责任、一般责任、领导责任等,按规定予以处分。

4）要把事故调查处理的文件、图纸、照片、资料等记录长期完整地保存起来。

第五节　施工项目进度管理

一、施工项目进度管理概述

1.施工项目进度管理的概念

（1）施工项目进度管理定义

施工项目进度管理是为实现预定的进度目标而进行的计划、组织、指挥、协调和控制等活动。即在限定的工期内确定进度目标,编制出最佳的施工进度计划,在执行进度计划的施工过程中,经常检查实际施工进度,并不断地将实际进度与计划进度相比较确定实际进度是否与计划进度相符。若出现偏差,便分析产生的原因和对工期的影响程度,找出必要的调整措施,修改原计划,如此不断地循环,直至工程竣工验收。

工程项目特别是大型重点建筑项目工期要求十分紧迫,施工方的工程进度压力非常大。如果没有正常有效的施工,盲目赶工,难免会出现施工质量问题、安全问题以及增加施工成本。因此,要使工程项目保质、保量、按期地完成,就应进行科学的进度管理。

(2)施工项目进度管理过程

施工项目进度管理过程是一个动态的循环过程。它包括进度目标的确定,施工进度计划的编制及施工进度计划的跟踪、检查与调整。

2.施工项目进度管理的措施

施工项目进度管理的措施主要有组织措施、管理措施、经济措施和技术措施。

(1)组织措施

组织是目标能否实现的决定性因素,为实现项目的进度目标,应健全项目管理的组织体系。在项目组织结构中应由专门的工作部门和符合进度管理岗位资格的专人负责进度管理工作,进度管理的工作任务和相应的管理职能应在项目管理组织设计的任务分工表和管理职能分工表中标示并落实;应编制施工进度的工作流程,如确定施工进度计划系统的组成,各类进度计划的编制程序、审批程序和计划调整程序等;应进行有关进度管理会议的组织设计,以明确会议的类型,各类会议的主持人、参加单位及人员,各类会议的召开时间,各类会议文件的整理、分发和确认等。

(2)工管理措施

管理措施涉及管理思想、管理方法、承发包模式、合同管理和风险管理等。树立正确的管理观念,包括进度计划系统观念、动态管理观念、进度计划多方案比较和择优观念;运用科学的管理方法、工程网络计划方法,有利于实现进度管理的科学化;选择合适的承发包模式;重视合同管理在进度管理中的应用;采取风险管理措施。

(3)经济措施

经济措施涉及编制与进度计划相适应的资源需求计划和采取加快施工进度的经济激励措施。

(4)技术措施

技术措施涉及对实现施工进度目标有利的设计技术和施工技术的选用。

3.施工项目进度管理的目标

(1)施工项目进度管理的总目标

施工项目进度管理以实现施工合同约定的竣工日期为最终目标。作为一个施工项目,总有一个时间限制,即施工项目的竣工时间,而施工项目的竣工时间就是施工阶段的进度目标。有了这个明确的目标以后,才能进行针对性的进度管理。

在确定施工进度目标时,应考虑的因素有:项目总进度计划对项目施工工期的要求、项目建筑的特殊要求、已建成的同类或类似工程项目的施工期限、建筑单位提供资金的保证程度、施工单位可能投入的施工力量、物资供应的保证程度、自然条件及运输条件等。

(2)施工项目进度目标体系

施工项目进度管理的总目标确定后,还应对其进行层层分解,形成相互制约、相互关联的目标体系。施工项目进度的计划是从总的方面对项目建筑提出的工期要求,但在施工活动中,是通过对最基础的分部分项工程的施工进度管理,来保证各单位工程、单项工程或阶段工程进度管理的计划完成,进而实现施工项目进度管理总计划。

施工阶段进度目标可根据施工阶段、施工单位、专业工种和时间进行分解。

1)按施工阶段分解

根据工程特点,将施工过程分为几个施工阶段,如桥梁(下部结构、上部结构)、道路(路基、路面)。根据总体网络计划,以网络计划中表示这些施工阶段起止的节点为控制点,明确提出若干阶段目标,并对每个施工阶段的施工条件和问题进行更加具体的分析研究和综合平衡,制订各阶段的施工规划,以阶段目标的实现来保证总目标的实现。

2)按施工单位分解

若项目由多个施工单位参加施工,则要以总进度计划为依据,确定各单位的分包目标,并通过分包合同落实各单位的分包责任,以各分包目标的实现来保证总目标的实现。

3)按专业工种分解

只有控制好每个施工过程完成的质量和时间,才能保证各分部工程进度的实现。因此,既要对同专业、同工种的任务进行综合平衡,又要强调不同专业、工种间的衔接配合,明确相互的交接日期。

4)按时间分解

将施工总进度计划分解成逐年、逐季、逐月的进度计划。

4.影响进度的因素

工程项目施工过程是一个复杂的运作过程,涉及面广,影响因素多,任何一个方面出现问题,都可能对工程项目的施工进度产生影响。为此,应分析了解这些影响因素,并尽可能地加以控制,通过有效的进度管理来弥补和减少这些因素产生的影响。影响施工进度的主要因素有以下几个方面。

(1)参与单位和部门的影响

影响项目施工进度的单位和部门众多,包括建筑单位、设计单位、总承包单位以及施工单位上级主管部门、政府有关部门、银行信贷单位、资源物资供应部门等。只有做好有关单位的组织协调工作,才能有效地控制项目施工的进度。

(2)项目施工技术因素

项目施工技术因素主要有:低估项目施工技术上的难度;采取的技术措施不当;没有考虑某些设计或施工问题的解决方法;对项目设计意图和技术要求没有全部领会;在应用新技术、新材料或新结构方面缺乏经验,盲目施工导致出现工程质量缺陷等。

(3)施工组织管理因素

施工组织管理因素主要有:施工平面布置不合理;劳动力和机械设备的选配不当;流水施工组织不合理等。

(4)项目投资因素

项目投资因素主要指因资金不能保证以至于影响项目施工进度。

（5）项目设计变更因素

项目设计变更因素主要有建筑单位改变项目设计功能，项目设计图纸错误或变更等。

（6）不利条件和不可预见因素

在项目施工中，可能遇到洪水、地下水、地下断层、溶洞或地面深陷等不利的地质条件，也可能出现恶劣的气候条件、自然灾害、工程事故、政治事件、工人罢工或战争等不可预见的事件，这些因素都将影响项目施工进度。

二、施工项目进度计划的编制和实施

1.施工项目进度计划的编制

（1）施工项目进度计划的分类

施工项目进度计划是在确定工程施工目标工期的基础上，根据相应的工程量，对各项施工过程的施工顺序、起止时间和相互衔接关系以及所需的劳动力和各种技术物资的供应所做的具体策划和统筹安排。

根据不同的划分标准，施工项目进度计划可以分为不同的种类，它们组成了一个相互关联、相互制约的计划系统。按不同的计划深度划分，可以分为总进度计划、项目子系统进度计划与项目子系统中的单项工程进度计划；按不同的计划功能划分，可以分为控制性进度计划、指导性进度计划与实施性（操作性）进度计划；按不同的计划周期划分，可以分为五年建筑进度计划与年度、季度、月度和旬计划。

（2）施工项目进度计划的表达方式

施工项目进度计划的表达方式有多种，在实际工程施工中，主要使用横道图和网络图。

1）横道图

横道图是结合时间坐标线，用一系列水平线段来分别表示各施工过程的施工起止时间和先后顺序的图表。这种表达方式简单明了，直观易懂，但是也存在一些问题，如工序（工作）之间的逻辑关系不易表达清楚；适用于手工编制计划；没有通过严谨的时间参数计算，不能确定关键线路与时差；计划调整只能用手工方式进行，工作量较大；难以适应大的进度计划系统。

2）网络图

网络图是指由箭线和节点组成，用来表示工作流程的有向、有序的网状图形。这种表达方式具有以下优点：能正确地反映工序（工作）之间的逻辑关系；可以进行各种时间参数计算，确定关键工作、关键线路与时差；可以用电子计算机对复杂的计划进行计算、调整与优化。网络图的种类很多，较常用的是双代号网络图。双代号网络图是以箭线及其两端节点的编号表示工作的网络图。

（3）施工项目进度计划的编制步骤

编制施工项目进度计划是在满足合同工期要求的情况下，对选定的施工方案、资源的供应情况、协作单位配合施工情况等所做的综合研究和周密部署，具体编制步骤如下：划分施工过程；计算工程量；套用施工定额；劳动量和机械台班量的确定；计算施工过程的持续时间；初排施工进度；编制正式的施工进度计划。

施工项目进度计划编制之后，应进行进度计划的实施。进度计划的实施就是落实并完成进度计划，用施工项目进度计划指导施工活动。

2. 施工项目进度计划的审核

在施工项目进度计划的实施之前，为了保证进度计划的科学合理性，必须对施工项目进度计划进行审核。施工进度计划审核的主要内容如下。

（1）工程进度安排是否与施工合同相符，是否符合施工合同中开工、竣工日期的规定。

（2）工程施工进度计划中的项目是否有遗漏，内容是否全面，分期施工是否满足分期交工要求和配套交工要求。

（3）工程施工顺序的安排是否符合施工工艺、施工程序的要求。

（4）工程资源供应计划是否均衡并满足进度要求。劳动力、材料、构配件、设备及施工机具、水电等生产要素的供应计划是否能保证施工进度的实现，供应是否均衡，需求高峰期是否有足够能力实现计划供应。

（5）工程总分包间的计划是否协调、统一。总包、分包单位分别编制的各项施工进度计划之间是否相协调，专业分工与计划衔接是否明确合理。

（6）工程对实施进度计划的风险是否分析清楚并有相应的对策。

（7）工程各项保证进度计划实现的措施是否周到、可行、有效。

3. 施工项目进度计划的实施

施工项目进度计划的实施就是落实施工进度计划，按施工进度计划开展施工活动并完成施工项目进度计划。施工项目进度计划逐步实施的过程就是项目施工逐步完成的过程。为保证项目各项施工活动，按施工项目进度计划所确定的顺序和时间进行，以及保证各阶段进度目标和总进度目标的实现，应做好下面的工作。

（1）工程检查各层次的计划，并进一步编制月（旬）作业计划

施工项目的施工总进度计划、单位工程施工进度计划、分部分项工程施工进度计划都是为了实现项目总目标而编制的，其中高层次计划是低层次计划编制和控制的依据，低层次计划是高层次计划的深入和具体化。在贯彻执行时，要检查各层次计划间是否紧密配合，协调一致。计划目标是否层层分解，互相衔接，检查在施工顺序、空间及时间安排、资源供应等方面有无矛盾，以组成一个可靠的计划体系。

为实施施工进度计划，项目经理部将规定的任务与现场实际施工条件和施工的实际进度相结合，在施工开始前和实施中不断编制本月（旬）的作业计划，从而使施工进度计划更具体、更切合实际、更适应不断变化的现场情况和更可行。在月（旬）计划中要明确本月（旬）应完成的施工任务、完成计划所需的各种资源量，及为提高劳动生产率，保证质量和节约的措施。

编制作业计划要进行不同项目间同时施工的平衡协调；确定对施工项目进度计划分期实施的方案；施工项目要分解为工序，以满足指导作业的要求，并明确进度日程。

（2）综合平衡，做好主要资源的优化配置

施工项目不是孤立完成的，它必须由人、财、物（材料、机具、设备等）诸资源在特定地点有机结合才能完成。同时，项目对诸资源的需要又是错落起伏的。因此，施工企业应在各项目进度计划的基础上进行综合平衡，编制企业的年度、季度、月旬计划，将各项资源在项目间动态组合，优化配置以保证满足项目在不同时间对诸资源的需求，从而保证施工项目进度计划的顺利实施。

（3）层层签订承包合同，并签发施工任务书

按前面已检查过的各层次计划，以承包合同和施工任务书的形式分别向分包单位、承包队和施工班组下达施工进度任务，其中，总承包单位与分包单位、施工企业与项目经理部、项目经理部与各承包队和职能部门、承包队与各作业班组间应分别签订承包合同，按计划目标明确规定合同工期、相互承担的经济责任、权限和利益。

另外，要将月（旬）作业计划中的每项具体任务通过签发施工任务书的方式向班组下达施工任务书。施工任务书是一份计划文件，也是一份核算文件，同时又是原始记录。它把作业计划下达到班组，并将计划执行与技术管理、质量管理、成本核算、原始记录、资源管理等融合为一体。施工任务书一般由班组长以计划要求、工程数量、定额标准、工艺标准、技术要求、质量标准、节约措施、安全措施等为依据进行编制。任务书下达给班组时，由班组长进行交底。交底内容为：交任务、交操作规程、交施工方法、交质量、交安全、交定额、交节约措施、交材料使用、交施工计划、交奖罚要求等，做到任务明确，报酬预知，责任到人。施工班组接到任务书后，应做好分工，安排完成，执行中要保质量、保进度、保安全、保节约、保工效提高。任务完成后，班组自检，在确认已经完成后，向专业工程师报请验收。专业工程师验收时查数量、查质量、查安全、查用工、查节约，然后回收任务书，交施工队登记结算。

（4）全面实行层层计划交底，保证全体人员共同参与计划实施

在施工进度计划实施前，必须根据任务进度文件的要求进行层层交底落实，使有关人员都明确各项计划的目标、任务、实施方案、预控措施、开始日期、结束日期、有关保证条件、协作配合要求等，使项目管理层和作业层能协调一致工作，从而保证施工生产按计划、有步骤、连续均衡地进行。

（5）做好施工记录，掌握现场实际情况

在计划任务完成的过程中，各级施工进度计划的执行者都要跟踪做好施工记录。在施工中，如实记载每项工作的开始日期、工作进程和完成日期，记录每日完成数量、施工现场发生的情况和干扰因素的排除情况，可为施工项目进度计划实施的检查、分析、调整、总结提供真实、准确的原始资料。

（6）做好施工中的调度工作

施工中的调度是指在施工过程中针对出现的不平衡和不协调进行调整，以不断组织新

的平衡，建立和维护正常的施工秩序。它是组织施工中各阶段、环节、专业和工种的互相配合、进度协调的指挥核心，也是保证施工进度计划顺利实施的重要手段。其主要任务是监督和检查计划实施情况，定期组织协调会，协调各方协作配合关系，采取措施，消除施工中出现的各种矛盾，加强薄弱环节，实现动态平衡，保证作业计划完成及进度控制计划的实现。

协调工作必须以作业计划与现场实际情况为依据，从施工全局出发，按规章制度办事，必须做到及时、准确、果断、灵活。

（7）预测干扰因素，采取预控措施

在项目实施前和实施过程中，应经常根据所掌握的各种数据资料，对可能致使项目实施结果偏离进度计划的各种干扰因素进行预测，并分析这些干扰因素所带来的风险程度，预先采取一些有效的控制措施，将可能出现的偏离尽可能消灭在萌芽状态。

三、施工项目进度计划的检查

1. 施工项目进度计划的检查

在施工项目的实施过程中，为了进行施工进度管理，进度管理人员应经常性、定期地跟踪检查施工实际进度情况，主要是收集施工项目进度材料，进行统计整理和对比分析，确定实际进度与计划进度之间的关系。其主要工作包括以下内容。

（1）跟踪检查施工实际进度

跟踪检查施工实际进度是分析施工进度、调整施工进度的前提。其目的是收集实际施工进度的有关数据。跟踪检查的时间、方式、内容和收集数据的质量将直接影响控制工作的质量和效果。

进度计划检查应按统计周期的规定进行定期检查，并应根据需要进行不定期检查。进度计划的定期检查包括规定的年、季、月、旬、周、日检查，不定期检查指根据需要由检查者（或组织）确定的专题（项）检查。检查内容应包括工程量的完成情况、工作时间的执行情况、资源使用及与进度的匹配情况、上次检查提出问题的整改情况以及检查者确定的其他检查内容。检查和收集资料的方式一般采用经常、定期地收集进度报表，定期召开进度工作汇报会，或派驻现场代表检查进度的实际执行情况等方式进行。

（2）工整理统计检查的数据

对收集到的施工项目实际进度数据要进行必要的整理按施工进度计划管理的工作项目内容进行整理统计，形成与计划进度具有可比性的数据。一般可以按实物工程量、工作量和劳动消耗量以及累计百分比整理和统计实际检查的数据，以便与相应的计划完成量对比。

（3）将实际进度与计划进度进行对比分析

将收集的资料整理和统计成具有与计划进度可比性的数据后，将施工项目的实际进度与计划进度进行比较。通常采用的比较方法有：横道图比较法、S形曲线比较法、香蕉形曲线比较法、前锋线比较法等。通过比较得出实际进度与计划进度相一致、超前和拖后三种情况。

（4）施工项目进度检查结果的处理

对施工进度检查的结果要形成进度报告，把检查比较的结果及有关施工进度现状和发展趋势提供给项目经理及各级业务职能负责人。进度控制报告一般由计划负责人或进度管理人员与其他项目管理人员协作编写。报告时间一般与进度检查时间相协调，也可按月、旬、周等间隔时间进行编写上报。进度报告的内容包括：进度执行情况的综合描述，实际进度与计划进度的对比资料，进度计划的实施问题及原因分析，进度执行情况对质量、安全和成本等的影响情况，采取的措施和对未来计划进度的预测。进度报告可以单独编制，也可以根据需要与质量、成本、安全和其他报告合并编制，提出综合进展报告。

2. 横道图比较法

横道图比较法是把项目施工中检查实际进度收集的信息，经整理后直接用横道线并列标于原计划的横道线处，进行直观比较的一种方法。这种方法简明直观，编制方法简单，使用方便，是人们常用的方法。某钢筋混凝土基础工程分三段组织流水施工时，将其施工的实际进度与计划进度比较。

从比较中可以看出，第十天末进行施工进度检查时，基槽挖土施工应在检查的前一天全部完成，但实际进度仅完成了七天的工程量，约占计划总工程量的 77.8%，尚未完成而拖后的工程量约占计划总工程量的 22.2%；混凝土垫层施工也应全部完成，但实际进度仅完成了两天的工程量，约占计划总工程量的 66.7%，尚未完成而拖后的工程量约占计划总工程量的 33.3%；绑扎钢筋施工按计划进度要求应完成五天的工程量，但实际进度仅完成了四天的工程量，约占计划完成量的 80%（约为绑扎钢筋总工程量的 44.4%），尚未完成而拖后的工程量占计划完成量的 20%（约为绑扎钢筋总工程量的 11.1%）。

四、施工项目进度计划的调整

1. 分析进度偏差对后续工作及总工期的影响

当实际进度与计划进度进行比较，判断出现偏差时，首先应分析该偏差对后续工作和对总工期的影响程度，然后才能决定是否调整以及调整的方法与措施。具体分析步骤如下。

（1）分析出现进度偏差的工作是否为关键工作

若出现偏差的工作为关键工作，则无论偏差大小，都将影响后续工作按计划施工，并使工程总工期拖后，必须采取相应措施调整后期施工计划，以便确保计划工期；若出现偏差的工作为非关键工作，则需要进一步将偏差值与总时差和自由时差进行比较分析，才能确定对后续工作和总工期的影响程度。

（2）分析进度偏差时间是否大于总时差

若某项工作的进度偏差时间大于该工作的总时差，则将影响后续工作和总工期，必须采取措施进行调整；若进度偏差时间小于或等于该工作的总时差，则不会影响工程总工期，但是否影响后续工作，尚需分析此偏差与自由时差的大小关系才能确定。

（3）分析进度偏差时间是否大于自由时差

若某项工作的进度偏差时间大于该工作的自由时差，说明此偏差必然对后续工作产生影响，应该如何调整，应根据后续工作的允许影响程度而定；若进度偏差时间小于或等于该工作的自由时差，则对后续工作毫无影响，不必调整。

分析偏差主要是利用网络计划中总时差和自由时差的概念进行判断。由时差概念可知，当偏差大于该工作的自由时差，而小于总时差时，对后续工作的最早开始时间有影响，对总工期无影响；当偏差大于总时差时，对后续工作和总工期都有影响。

2. 施工项目进度计划的调整方法

在对实施的进度计划分析的基础上，应确定调整原计划的方法，一般主要有以下几种。

（1）改变某些工作间的逻辑关系

若检查的实际施工进度产生的偏差影响了总工期，在工作之间的逻辑关系允许改变的条件下，可以改变关键线路和超过计划工期的非关键线路上的有关工作之间的逻辑关系，达到缩短工期的目的。用这种方法调整的效果是很显著的。例如，可以把依次进行的有关工作改成平行的或相互搭接的，以及分成几个施工段进行流水施工等，都可以达到缩短工期的目的。

（2）缩短某些工作的持续时间

这种方法是不改变工作之间的逻辑关系，而是缩短某些工作的持续时间，使施工进度加快，并保证实现计划工期的方法。那些被压缩持续时间的工作是位于由于实际施工进度的拖延而引起总工期增长的关键线路和某些非关键线路上的工作，同时又是可压缩持续时间的工作。这种方法实际上就是采用网络计划优化的方法，在此不再赘述。

（3）资源供应的调整

如果资源供应发生异常（供应满足不了需求），应采用资源优化方法对计划进行调整，或采取应急措施，使其对工期影响最小化。

（4）增减工程量

增减工程量主要是指改变施工方案、施工方法，从而导致工程量的增加或减少。

（5）起止时间的改变

起止时间的改变应在相应工作时差范围内进行。每次调整必须重新计算时间参数，观察该项调整对整个施工计划的影响。调整时可采用下列方法：将工作在其最早开始时间和其最迟完成时间范围内移动；延长工作的持续时间；缩短工作的持续时间。

3. 施工项目进度计划的调整措施

施工项目进度计划调整的具体措施包括以下几种。

（1）组织措施：增加工作面，组织更多的施工队伍；增加每天的施工时间（如采用三班制等）；增加劳动力和施工机械的数量；将依次施工关系改为平行施工关系；将依次施工关系改为流水施工关系；将流水施工关系改为平行施工关系。

（2）工技术措施

改进施工工艺和施工技术，缩短工艺技术间歇时间；采用更先进的施工方法，以减少施工过程的数量（如将现浇框架方案改为预制装配方案）；采用更先进的施工机械。

（3）经济措施

实行包干奖励；提高奖金数额；对所采取的技术措施给予相应的经济补偿。

（4）其他配套措施

改善外部配合条件；改善劳动条件；实施强有力的调度等。

第六节　施工成本管理

一、工程成本概念

建筑工程项目施工费用为建筑安装工程费（即工程建设项目概预算总金额中的第一部分费用），在项目业主的管理之下，施工企业利用此费用具体组织实施完成项目施工任务。因此，施工企业进行成本管理研究的直接范围是建筑安装工程费。做好成本管理工作，首先必须清楚以下基本概念。

1.工程预算价

工程施工企业在投标之前，一般都先按照大概预算编制办法计算建筑安装工程费。建筑安装工程费由五大部分组成：直接工程费、间接费、施工技术装备费、计划利润；税金。

建筑安装工程费是工程概、预算总金额组成中的第一大部分。施工企业把建筑安装工程费称为工程预算价。

有时候，工程建设方将预留费用和监理费用以暂定金形式列入招标文件中，工程施工方在投标文件中也要相应地列入。但是，使用这些费用是由业主决定的，因此，工程施工企业在研究总造价、总成本时往往不予考虑。

2.工程中标价

为了提高投标中标率，施工企业在投标报价时往往主动放弃了预算价中的施工技术装备费和计划利润的一部分或全部，有些情况下甚至还放弃直接工程费和间接费的一部分。

通过投标中标获得的建筑安装工程价款，称为工程中标价。

3.工程成本

工程成本组成如下：项目部所属施工队伍及协作队伍的工、料、机生产费用和施工现场其他管理费；项目部本级机构的开支；由项目部分摊的上级机构各种管理费用，其中包括投标费用；上缴国家税金，也是总成本的一个组成部分。

4.项目部责任成本

工程成本中的第一、第二两部分合并在一起，称为项目部工程成本，其额定值称为项目部责任成本。项目部责任成本是指项目部无额定利润的工程成本，是工程成本分解及成本管理工作的重点所在。

5.项目部上级机构成本

项目部上级机构成本指工程总成本中的第三、第四两部分。在这里，应该注意的是项目部成本不等于工程施工总成本。施工总成本还应该包括发生在上级机构的成本（管理费）和应上缴国家的税金。项目部上级机构成本也是工程分解和成本管理工作的一个组成部分。

6.工程利润

工程中标价（剔除暂定金和监理费用等）减去工程施工总成本后的余额是工程利润。在这里，应该注意到工程中标价（剔除暂定金和监理费用等）减去项目部成本，并不等于利润，只有再扣除由项目部分摊的上级机构各种管理费和上缴国家的税金之后，才是工程利润。

二、工程成本分解

工程成本分解，主要是指施工企业将构成工程施工总成本的各项成本因素，根据市场经济及项目施工的客观规律科学合理地分开，为成本管理及控制、考核提供客观依据的一项十分重要的成本管理基础工作。一般来说，工程成本应从以下几个方面来分解。

1.项目部责任成本

项目部责任成本等于项目部所属施工队伍（包括协作队伍）的工、料、机生产费用和施工现场其他管理与项目部本级机构开支之总和。

项目部责任成本由企业与项目部根据项目工程特征、投标报价、项目部机构设置、自有施工队和协作队伍等各方面情况，深入进行社会市场及施工现场调研后综合分析计算而来。

（1）项目部所属施工队伍（包括承包协作队伍）成本

当投标中标之后，施工企业应根据工程项目所在地的实际情况，再次对各项施工生产要素（主要指工、料、机）的市场价格进行现场调研，根据切实可行的施工技术方案及有关规定要求，并按工程量清单提供的工程数量，重新计算出由项目经理部组织工程项目施工时的市场实际施工总价款。实际施工总价款实际上就是项目经理部（不含项目部）以下的全部费用（即项目部所属施工队伍及协作队伍的工、料、机生产费用和施工现场其他管理费）。施工企业和项目经理只有以此为成本控制的基础依据，才能使工程项目施工成本管理及施工实际成本符合市场经济的客观规律。

在项目工程实施总价款的控制下，项目经理部可将各项工程分别具体划分落实到各施工队（自有施工队和协作队），并建立工程项目施工分户表，明确各施工队施工项目、工程数量、施工日期、执行单价、执行总价、责任人等内容，这样，既将施工任务落实到各施工队，又将执行价格予以明确控制并落实到责任人，同时还可防止因人为因素而产生的工程数量不清、执行价格混乱等问题。

无论是自有施工队，还是承包协作队，都要在项目经理部直接管理之下，切实加强工程质量、施工进度和施工安全的管理，并使其符合有关规定要求，在此前提下，项目经理部根据各施工队完成的实物工程量按实施执行价格计量拨付工程款。一般来说，拨付给承包单位的工程进度款要低于其实际工程进度，并扣留质量保证金，待维修期满后方可结账付清余款。当承包单位提交了银行预付款保函时，可按项目业主对项目预付款比例或略低于这一比例对承包单位预付工程款；否则，不能对承包单位预付工程款。

在当前的建筑市场工程施工承包中，一般有两种承包方法：一是总包法，二是劳务承包法。总包法是指将中标工程项目中某些分项（单项）工程议定价格之后（包括工、料、机等全部费用），签订项目承包合同，由承包协作队伍承包完成项目施工任务。总包法项目经理部可以省心省事。但施工材料采购、原材料的检验试验、施工过程中的对外协调等事项，承包协作队可能难以胜任而导致影响施工进程。劳务承包法是指承包协作队只对某项工程施工中的人工费进行承包，完成项目施工任务。

在近年的工程项目实践中，通常以劳务承包法对承包协作队进行工程施工承包。通过项目部与承包协作队有机配合来完成项目施工任务。具体来讲，就是将某项工程以劳务总包的形式承包给协作队，签订项目承包合同。在项目施工中，人工及人工费由承包协作队自行安排调用，项目经理部一般不予过问，但施工进度必须符合项目总体施工进度计划。施工用材料则由项目经理部代购代供，其费用是计入承包工程费用之中。承包协作队要提供材料使用计划（数量、规格、使用日期），项目经理部要制定材料采购制度，保质保量并以不高于工地现场的材料市场价格向承包协作队按期提供材料，确保顺利施工。这部分费用在成本分解时，可列为材料代办费项目，以便对材料使用数量及采购供应价格进行有效控制。同样，劳务队伍使用的机械设备由项目经理部提供并计入承包工程费用之中。

（2）项目部本级机构开支

项目部本级机构开支的费用主要根据工程项目的大小、项目经理部人员的组成情况来综合考虑。由于项目经理部是针对某个工程项目而设置的临时性施工组织管理机构，一般随工程项目的完成而解体，因此，项目经理部的设置应力求精简高效，这样才有利于项目经济效益的提高。

项目部本级机构开支的费用主要包含间接费和管理费两大部分。间接费主要包含项目部工作人员工资、工作人员福利费、劳动保护费、办公费、差旅交通费、固定资产折旧费和修理费、行政工具使用费等；管理费主要包含业务招待费、会议费、教育经费、其他费用。

项目部责任成本在项目工程成本中占有较大比重。在项目实施中，施工企业和项目经理部必须严格控制其各项费用在责任成本额定范围内开支，才能确保项目工程取得良好的经济效益。这是施工企业进行成本管理控制的关键所在。

2.项目部上级机构成本

项目部上级机构成本是指项目给上级机构的各种管理费用与税金之和。

（1）上级机构管理费主要是指项目部以上的各上级机构，为组织施工生产经营活动所发生的各种管理费用。主要包括管理人员基本工资、工资性津贴、职工福利费、差旅交通费、办公费、职工教育经费、行政固定资产折旧和修理费、技术开发费、保险费、业务招待费、投标费、上级管理费等各项费用。

上级机构管理费一般是根据上级机构设置情况及人员组成状况，采取总量控制的措施核定及控制费用开支的。目前，各级一般都是根据历年费用开支情况，进行数理统计分析后，逐级约定费额，并按规定要求上缴。上级机构管理费一般占项目工程中标价的 6%~7%。

（2）税金按实际支付工程款，由企业缴纳，有的由业主统一代缴。税金应上缴国家，但它是成本的一个组成部分。

将项目工程成本分解成了项目部责任成本（项目部所属施工队伍成本与项目部本级机构开支之和）与项目部上级机构成本两大部分，对分解开来的这两大部分费用，可分别由项目经理部和项目经理部的上级机构（企业）来掌握控制，项目经理部在责任成本限额内组织自有施工队和协作队实施项目施工，企业对项目部进行全过程成本监控管理，指导项目部在责任成本费用之内完成项目施工任务。企业对自身的各项管理费用开支必须进行有效控制，最大限度地降低上级机构成本费用，从而全面提高企业综合经济效益。

实践证明，只要按上述方法计算和分解工程成本，做到责任明确，互不侵犯，并切实有效地进行控制管理，施工项目可以取得良好经济效益。

三、工程成本控制

1.项目部工、料、机生产费及现场其他管理费控制

（1）工程人工费控制

人工费发生在项目部所属施工队伍和协作队伍中。协作队伍的人工费包括在工程合同单价之中，不单独反映。项目部按合同控制协作队伍的人工费。其内部管理由协作队伍法人代表进行，项目部一般不再过问。

项目部所属自有施工队伍的人工费按预先编好的成本分解表中的人工费控制。应该注意到项目部自有施工队伍全年完成产值中的人工费总额应等于或大于他们全年的工资总额，否则人工费将发生亏损。另外，还要注意加强对零散用工的管理，注意提高劳动生产率、用工数量、工日单价等。

自有施工队伍人工费控制还应该注意：尽量减少非生产人工数量；注意劳动组合和人机配套；充分利用有效工作时间，尽量避免工时浪费，减少工作中的非生产时间。

（2）工程材料数量和费用控制

在成本分解工作中已经计算好了全部工程所需各类材料的数量，确定好了材料的市场价格及总价；同时，已按自有施工队伍和协作队伍算好了完成指定工程所需的材料数量及总价，材料费用按此控制。

协作队伍所需材料数及总价已在协作合同文本上明确，节约归己，超支自负。因此，协

作队伍的材料数量和总价应自行控制，自己负责。自有施工队伍应按承包责任书控制好材料数量和总价，实行节奖超罚的控制制度。自有施工队伍在材料数量和费用控制时应该注意：按定额或工地试验要求使用材料，不要超量使用；降低定额中可节约的场内定额消耗和场外运输损耗；回收可利用品；减少场内倒运或二次倒运费用。

项目部材料管理人员在材料数量和费用控制方面负有重要的责任。他们对外购材料的市场价格、材料质量要进行充分调查，做到货比三家，选择质优价廉、供货及时、信誉良好的材料生产厂家。尽量避免或减少中间环节。一般情况下，要保证材料的工地价不超过投标(中标)的材料单价。遇有材料价格上涨，超过中标价的情况，应做好情况记录，保存凭证，及时通过项目部向业主单位报告，争取动用预留费用中的"工程造价增涨预留费"。

项目部材料管理人员要建立完善、严密的材料出入库制度，保证出入库数量的正确。入库要点收、记账，要有质量文件。出库也要点付、记收，领用手续完备。项目部材料管理人员还要建立材料用户分账制度，对每一用户(各自有施工队伍、各协作队伍)应控制好材料数量及价款。对周转件材料(如脚手架、钢模板等)要设立使用规则，杜绝非正常损耗。

加强材料运输管理，防止运输过程中因人为因素丢失而引起的严重损耗。材料费用在工程项目成本中占有相当大的比重，有的项目发生亏损主要原因之一就是材料使用严重超量或有的材料采购价格高于市场平均水平。因此，项目经理及项目施工管理人员必须认真研究材料使用及采购中的问题，只有严格把住材料成本关，项目责任成本目标的实现才有充分的保障。

（3）施工机械使用费的控制

施工机构使用费的控制主要是针对项目部自有施工队伍使用机械而言的。在成本分解工作中，已根据自有施工队施工项目特征计算出了所需各类施工机械及其使用台班数项目经理部应按其机械使用费额包给自有施工队，并加强控制管理，确保其费用不得突破。

协作队伍的施工机械使用费已全部包含在议定的承包工程项目总体价格合同以内，一般不再单独计列。因此，协作队的施工机械使用费自行控制，自己负责。

对自有施工队的施工机械使用费的控制应主要注意以下几点。

严格控制油料消耗。机械在正常工作条件下每小时的耗油量是有相对规律的，实际工作中，可以根据机械现有情况确定综合耗油指标，再根据当日需要完成的实际工作量供给油燃料，不宜以台班定额核算供给油料，从而控制油料耗用成本。

严格控制机械修理费用。要有效地控制机械修理费用，首先应从提高机械操作工人的技术素质抓起。对机械使用要按规程正确操作，按环境条件有效使用，按保养规定经常维护保养。对一般小修小保，应由操作工人自行完成。对于大中型修理及重要零部件更换，操作工人必须报经机械主管，责任人召集有关人员"会诊"，初步提出修理方案，报项目经理审批后才能进行大中型修理及重要零部件更换。对更换的零部件应由项目机械主管责任人验证。对修理费用也必须进行市场调研，多方比较后选定修理厂家并议定修理价格。有的项目经理部就因机械使用效率很低，而油料消耗过大以及修理费用过高，从而导致经济效益很差甚至亏损。

按规定提取并上交折旧费。一般来说，大中型施工机械都属于企业的固定资产，当项目施工需要时，即调配到项目部使用。因此，项目部必须按规定要求提取其折旧费并如数上缴企业。

机械租赁费的控制。当自身机械设备能力不能满足项目施工需要时可向社会市场租赁机械来协助完成施工任务。目前，机械租赁一般有三种形式：一是按工作量承包租赁，二是按台班租赁，三是按日（计时）租赁。按工作量承包租赁是比较好的办法，一般应采取这种方式；按日（计时）租赁是最不可取的，应该避免。因此，项目经理部在租赁机械时，要充分考虑到租赁机械的用途特征，选定适宜的租赁方式。对租赁机械价格要广泛进行市场调查，议定出合理的价格水平。对不能按时完成工作量承包租赁又难以用定额台班产量考核的特种机械，在租赁使用中，必须注意合理调度周密安排，充分提高其使用效率。其租赁费用必须如实计入责任承包的机械使用费额之内。

对外出租机械费用的控制。当自身机械设备过剩时，可视情况对外出租。在出租机械时，要根据机械工作特性选择合适的出租方式，拟定合理的出租价格，并签订租赁合同，同时还要注意防止发生"破坏性"使用问题。对出租赚取的经济收益应上缴企业。当协作队向项目部租赁施工机械设备时，同样要切实按照事先议定好的租赁方式和租赁价格签订租赁合同，其费用可直接从施工进度工程款中扣除。

（4）工程质量成本的控制

工程质量成本是指为保证和提高工程质量而支出的一切费用，以及未达到质量标准而产生的一切质量事故损失费用之和。由此可以看出，工程质量成本主要包含两个方面：一是工程质量保证成本，二是工程质量事故成本。一般来说，质量保证成本与质量水平成正比关系，即工程质量水平越高，质量保证成本就越大；质量事故成本与质量水平成反比关系，即工程质量水平越高，质量事故成本就越低。施工企业追求的是质量高成本低的最佳工程质量成本目标。一般来说，工程质量成本可分解为预防成本、检测成本、工程质量事故成本、过剩投入成本等几个方面。

预防成本。预防成本主要是指为预防质量事故发生而开展的技术质量管理工作，质量信息、技术质量培训，以及为保证和提高工程质量而开展的一系列活动所发生的费用。质量管理水平较高的施工企业，这部分费用占质量成本费用的比重较大，是施工单位坚持"预防为主"质量方针的重要体现。如果施工作业层技术技能水平高，这部分费用相对就低；反之，这部分费用比较高。因此，施工企业应加强技术培训工作，全面提高施工操作人员的技术素质，一次培训投入可换取长久的经济效益。在选择协作队伍时，应充分注意技术素质及施工能力。这实际上也是降低成本的有效环节。

检测成本。检测成本主要是对施工原材料的检验试验和对施工过程中工序质量、工程质量进行检查等发生的费用。这是预防及控制质量事故发生的基础，应根据工程项目实际需要配置检测设备及检测人员，增加现场质量检查频次。

工程质量事故成本。工程质量事故成本主要是指因施工原因造成工程质量未达到规定要求而发生的工程返工、返修、停工、事故处理等损失费用。这部分费用随质量管理水平的提高而下降。自有施工队伍和协作单位应切实加强质量管理，各自负责工程项目施工质量，把这项费用最大限度地降到最低。一旦发生质量事故，既加大了质量成本，降低了经济效益，同时又造成了不良的社会影响。事实上，质量事故损失费用就是工程施工的纯利润，因此，在工程施工中，要严格把守各道工序的质量关，提高工程质量一次合格率，防止返工及事故的发生。当前，工程项目施工普遍推行社会监理制，但施工企业切不可因此而放松自身对工程质量的有效控制与管理，应做到自检符合要求后才提交监理检查验收，切实把工程质量事故消灭在萌芽状态，这样才能有效降低质量成本，提高经济效益。

过剩投入成本。过剩投入成本主要是指在工程质量方面过多地投入物质资源而增加的工程成本。过剩投入成本的发生，实际上是质量管理水平不高的突出表现。在施工现场可以看到有的施工人员在拌制砂浆、混凝土时，往往以多投入水泥用量的方式来保证质量；有的砌筑工程设计要求用片石，而施工中偏要用块石（有的甚至用料石）提高用料标准等，这都是典型的过剩投入增加工程成本的现象，这种做法是不宜提倡的。在实际施工中，我们应当严格按技术标准、施工规范、质量要求进行施工，片面加大物耗的做法不一定能创出优质工程，也是对工程质量的曲意理解，应当引起项目经理、技术质量人员及施工管理人员、施工作业人员的高度注意。

（5）施工进度对工程成本的影响

施工进度的快慢主要取决于工程项目总工期的要求。工程项目总工期一般来说是由工程项目建筑方（项目业主）确定的。业主在确定总工期时，应该充分考虑合理的工程施工进度。总工期过长，不利于投资效益的发挥；相反，总工期过短，会使施工企业疲于应付，引起劳动力、材料、施工机械设备的短期大量投入从而导致价格攀升，致使施工成本增加，尤其是在施工中期或中后期，如果建筑方突如其来地要求施工企业提前工期，将会引起更加严重的施工成本大量增加。在合理的工程总工期条件下，施工企业和项目经理部应根据工程项目的施工特点来安排好施工进度，既能保证工程如期完工，又能保证资金合理运作。这是项目经理部和施工企业必须共同做好的一项重要工作。无原则地赶工，除了会影响工程质量，容易引发安全事故外，必然还会引起成本大量增加。

（6）加强现场安全管理，防止安全事故发生，从而减少项目成本开支

确保施工现场人员的人身安全和机械设备安全是施工现场管理工作的重要内容。一个工程项目的工程利润往往被一两次安全事故耗损一空，因此，在项目施工中，千万不能忽视安全管理工作，切实防止因安全管理工作不到位而影响项目经济效益。

2.项目部本级机构开支控制

项目部本级机构开支按预先编审后的成本分解表进行控制。

（1）工作人员工资、福利、劳保费

应控制项目经理部人数；工作人员队伍应该是高效精干的；控制好工资福利、劳保标准。

（2）差旅交通费

坚持出差申请制度；按规章标准核报差旅交通费；坚持领导审批制度。

（3）业务招待费

坚持内外有别原则：对内从简，对外适度；杜绝高档消费；坚持招待申请和领导审批制度。

3.项目部上级机构成本控制

项目部上级机构成本按预先编审后的成本分解表进行控制,其重点和控制办法如下。

（1）项目部的各上级机构开支控制

其重点控制项目和控制办法与项目本级机构开支控制相同。

（2）上缴税金

各项目部的税金由上级机构统一缴交。凡遇部分免税,则由项目部上级机构专列账户保存,经允许后方能作为利润的一部分动用。

四、工程成本考核与分析

1.工程成本考核

施工过程中定期考核成本是成本控制的好方法。一般应该每隔2~3个月进行一次,直至工程结束。考核从最基层开始,也就是从自有施工队伍承包合同和协作队伍经济合同开始进行考核。考核工、料、机和其他现场管理费,考核经济合同执行情况。要认真进行工程、库存、资金等盘点工作。

要同时考核项目部本级机构和项目部上级机构的开支情况。凡发生超过分解额的各个部分,都要查找其超出原因。相反,对于有结余的部分,也要查清原因。总之,各个分项是盈是亏都要弄清真正原因,从而达到总结经验、克服缺陷的目的。

2.项目资金运作分析

项目资金来源一般包括由业主单位已经投入的工程预付款和进度款、施工企业拨入的资金或银行贷款,及协作队伍投入的资金或银行存款。拖欠材料商的材料款、协作队的工程款和欠付自有施工队伍的人工费、现场管理费也可以视为项目资金的来源。

项目资金的去向一般包括支付给自有施工队伍和协作单位的工程款,付给材料商的材料款,上缴给项目部上级机构的各项费用,支付给业主单位的工程质保金,及归还银行贷款利息等。

工程施工过程中承包人总希望能做到资金来源大于资金去向,有暂时积余,这对于保证工程顺利进行颇有益处。相反,资金来源小于资金去向时,施工过程中流动资金不足形成多头拖欠（债务）,影响工程顺利进行。遇到这种情况要具体分析,采取有效措施。譬如,业主预付款不到位,前中期工程进度过慢,部分项目正在施工尚未验收计量,已经验收计量的项目业主方尚未拨款,企业自有资金或贷款不足等使得资金来源显得不足。又如,过早购入材料,机械设备闲置过多,造成资金积压,过早上缴项目部上级机构费用等。对于这些情况应及时采取措施扭转。

结 语

随着新时代科学技术的发展，我国市政施工中也不断运用到各种先进的施工技术，这对市政施工项目的建筑效率与质量，也做出了极大的提升作用。基于此，市政施工单位应积极应用现代化的施工设备，掌握先进的施工工艺技术，并在现有技术基础上进行不断地提升，力求在确保市政施工项目品质的同时，也能有效节约建筑施工材料，以此来促进我国城市建筑的发展水平。而要提升我国市政工程的施工质量、改善人们的生活环境、增强人们的生活品质，需要重视市政工程施工的每个环节。在对前期的施工计划，测量调查工作，以及中期的施工技术、材料、设备、人员等各方面的管理上，都应制定相应的建设目标，并通过具体的施工方案和严格的管理措施，来保证每一步的施工程序，还要在后期投入相应的核查验收工作，以确保市政工程的施工质量达到理想的建设目标。

同时，伴随着我国经济的高速发展，对市政工程施工的技术要求也在不断提升，完善和改进施工技术显得更为关键。为了保证施工工程质量，提升城市综合实力，一定要做好市政工程施工，采取措施，加大对施工技术的优化和现场管理的优化，针对当前市政工程施工中存在的问题，要对症下药，结合工程实际情况采取有效措施解决，从施工技术、现场管理、施工材料、施工管理人员等几方面加大力度，这样有助于项目管理目标的顺利实现，更好地促进我国市政工程施工技术的提升，从而促进我国市政工程行业的发展。

参考文献

[1] 唐明龙. 市政道路工程施工技术和施工质量控制研究 [J]. 四川水泥, 2014（07）: 43+67.

[2] 尹文明. 关于市政工程施工技术优化策略的探讨 [J]. 中华民居（下旬刊）, 2014（07）: 273.

[3] 朱帝腾. 市政工程施工技术优化策略分析 [J]. 现代经济信息, 2016（03）: 379.

[4] 刘远波. 略谈市政工程施工技术通病与对策 [J]. 建材与装饰, 2016（23）: 46-47.

[5] 李梦, 董红星. 施工工程施工技术控制和管理的研究 [J]. 山东工业技术, 2016（16）: 83.

[6] 何艳. 市政道路工程施工技术资料管理系统开发研究 [D]. 华中科技大学, 2004.

[7] 缪萧键. 探析市政工程施工技术控制与优化策略 [J]. 中国住宅设施, 2020（12）: 110-111.

[8] 周友玲. 市政工程施工技术优化研究 [J]. 居舍, 2021（05）: 60-61.

[9] 刘杰. 市政工程施工技术与质量管理 [J]. 黑龙江交通科技, 2017, 40（01）: 20-21.

[10] 秦伟. 关于"市政工程施工技术"课程标准的研究 [J]. 科教导刊（中旬刊）, 2017（05）: 145-146.

[11] 张艳. 市政工程施工技术优化的重要性分析 [J]. 城市建设理论研究（电子版）, 2016（30）: 70-71.

[12] 周丹, 李书源. 市政工程施工技术优化途径研究 [J]. 中国高新技术企业, 2017（07）: 45-46.

[13] 刘彩. 市政排水工程施工技术的难点及对策 [J]. 城市建设理论研究（电子版）, 2016（36）: 115-116.

[14] 叶友明. 市政工程施工技术优化策略分析 [J]. 江西建材, 2017（22）: 89-90.

[15] 张建太. 市政工程施工技术通病分析与对策 [J]. 江西建材, 2017（22）: 93+97.

[16] 蔡寅生. 市政工程施工技术优化策略探讨 [J]. 智能城市, 2017, 3（05）: 162.

[17] 徐卿. 如何控制市政工程施工技术质量 [J]. 城市建设理论研究（电子版）, 2017（14）: 108.

[18] 周承斌. 市政工程施工技术通病分析与对策 [J]. 城市建设理论研究（电子版）, 2017（19）: 170.

[19] 肖小波. 市政工程施工技术通病分析与对策 [J]. 建材与装饰, 2017（40）: 17-18.

[20] 吴佑文 . 市政工程施工技术的缺点分析与解决对策 [J]. 南方农机，2017，48（18）：114.

[21] 冯小平 . 市政工程施工技术通病及改进策略 [J]. 低碳世界，2017（33）：230-231.

[22] 雷健 . 市政工程施工技术优化策略分析 [J]. 山西建筑，2018，44（35）：92-93.

[23] 张美英，林建 . 市政工程施工技术中的问题和对策 [J]. 城市建设理论研究（电子版），2018（24）：159.

[24] 樊海青 . 关于市政工程施工技术优化策略的探讨 [J]. 现代物业（中旬刊），2018（09）：177.

[25] 江明 . 市政工程施工技术通病与对策研究 [J]. 安徽建筑，2019，26（03）：52-53.

[26] 杨国靖 . 市政工程施工技术的缺点分析与解决对策 [J]. 城市建设理论研究（电子版），2018（34）：97.

[27] 甄辉 . 市政工程施工技术优化策略分析 [J]. 城市建设理论研究（电子版），2019（02）：109.

[28] 李志永 . 绿色理念应用于市政工程施工技术分析 [J]. 建材与装饰，2019（21）：25-26.

[29] 李刘燕 . 刍议市政工程施工技术通病与应对对策 [J]. 城市建设理论研究（电子版），2019（13）：161.

[30] 王立佳 . 市政工程施工技术优化策略分析 [J]. 住宅与房地产，2017（35）：216.

[31] 李清泉 . 市政工程施工技术通病探究 [J]. 住宅与房地产，2018（21）：233.

[32] 马舟军，徐文明，王峰 . 城市建设中市政工程施工技术研究 [J]. 河南建材，2018（05）：57-58.

[33] 邵星 . 市政工程施工技术优化策略探讨 [J]. 城市建设理论研究（电子版），2018（19）：155.

[34] 贾凤萍 . 市政工程施工技术优化的重要性分析 [J]. 居舍，2018（33）：73.

[35] 马丹 . 市政工程施工技术通病与对策研究 [J]. 城市建设理论研究（电子版），2019（17）：163.

[36] 许智添 . 市政工程施工技术通病与应对对策探究 [J]. 四川水泥，2020（01）：239.

[37] 荆瑞珍 . 市政工程深基坑施工工艺及质量控制研究 [J]. 工程建设与设计，2020（06）：161-162.

[38] 蔡晟 . 市政工程施工技术通病分析与对策研究 [J]. 四川水泥，2020（03）：148.

[39] 刘煜峰 . 探究如何加强市政工程施工技术与管理措施 [J]. 现代物业（中旬刊），2019（11）：180.

[40] 苏金辉 . 市政工程施工技术通病分析与对策 [J]. 建材与装饰，2020（13）：39+41.

[41] 马建庆 . 探究加强市政工程施工技术与管理措施 [J]. 城市建设理论研究（电子版），2020（10）：51.